Galileo 科學大圖鑑系列

VISUAL BOOK OF THE CHEMISTRY

化學大圖鑑

人人出版

前 言

當你一聽到「化學」,
可能覺得事不關己,是另一個世界的事情。
但是,其實化學就存在我們身邊,
每個人都是仰賴化學生活的。

例如,早上起床用的鬧鐘的電池,
是利用稱為氧化與還原反應的化學反應來產生電力。
身上穿的衣服、腳踏車跟汽車的輪胎、頭痛或胃痛時吃的藥物,
都是藉由化學的力量產生的。

此外,罐裝咖啡的熱度來自於看不見的微小原子的運動,

日常使用的手機亦藉由多種元素創造出來，

有一般人知道的鐵跟金，還有很少聽過的釹跟銪。

我們的身體得以維持生命機能，

不先了解原子跟元素的觀念可是不行的。

化學是一門透過研究原子與分子而了解物質特性跟反應的學問。

所有物質跟現象都是化學的研究對象，世界上已發表了很多這方面的成果。

總而言之，若說沒有化學就無法維持我們現在的生活，一點也不為過。

本書集結了精美插畫以及淺顯易懂的化學文章。

若能了解化學，每天會過得更加有趣。

化學大圖鑑

人們基於好奇心，
開啟了探索化學的
漫長旅程

有機化學

1830年左右—元素分析儀器的發明

元素分析儀器　　　　李比希

李比希發明研究有機物組成的精密儀器（詳見第180頁）。

1857～65年—克古列，說明碳原子的結構

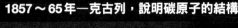

克古列　　　　苯　　　　煤氣燈

克古列發現有機化合物原子的「鏈結方式」（詳見第182頁）。此外，他也從煤氣燈中發現名為「苯」的物質，並揭露其分子結構。

前5世紀　　　　　　　19世紀

無機化學與其他化學

西元前5世紀 —「全部由四種元素所組成」

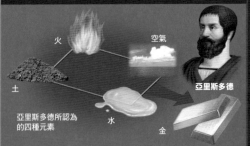

火　　　　空氣

土

亞里斯多德

水　　　　金

亞里斯多德所認為
的四種元素

亞里斯多德主張「萬物皆由四種元素所組成」。中世紀從「調配這四種元素就能創造黃金」的想法發展出鍊金術（詳

18世紀末—拉瓦節的「化學革命」

金　　　　光素

碳　　　　水銀

拉瓦節

拉瓦節認為「每一樣東西都可以輾轉分解成構成該東西的『元素』」。於是，發表了金、水銀、碳等元素為「候補元

從古希臘時代起，人們一直好奇周遭的物質究竟是由什麼東西組成的。直到18世紀末，才終於有辦法用科學方式驗證這個理論。

當19世紀發明出來的精密儀器，可以分解構成物質的元素時，許多化學家便開始研究存在於生活周遭的物質。因而發現很多種不同的元素，產生了週期表。

之後，透過無機化學家的研究，逐漸揭露未知的元素及元素相關的定律。進入20世紀後，前人的努力造就了半導體跟電池的開發，另一方面，有機化學家則投身於藥物、塑膠、橡膠等生活中不可或缺的產品。

1920 年—開始發展石油化學工業

輪胎　　　合成纖維　　　寶特瓶

利用石油生產許多人工合成有機物，如塑膠、橡膠、纖維等（詳見第192頁）。

21 世紀—邁向「分子組合」的時代

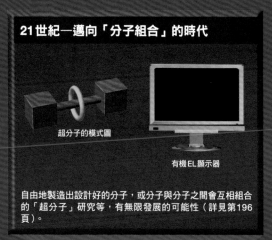

超分子的模式圖

有機 EL 顯示器

自由地製造出設計好的分子，或分子與分子之間會互相組合的「超分子」研究等，有無限發展的可能性（詳見第196頁）。

20 世紀

21 世紀

1869 年—週期表的發明

門得列夫

由門得列夫發明的週期表展現與元素相關的規律（詳見第22頁），他在週期表上留下了空格，預言將有未知的元素。

1950 年代—開始發展半導體與電池

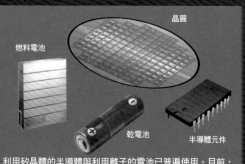

晶圓

燃料電池

乾電池　　　半導體元件

利用矽晶體的半導體與利用離子的電池已普遍使用。目前，正在進行電動車跟燃料電池電動車的研究與開發（詳見第

1

物質與化學
Substance and Chemistry

萬物皆出自於原子

諾貝爾物理學獎得主費曼（Richard Feynman，1918～1988，一譯費因曼）曾說道，如果現在發生大災難，失去所有科學知識，只能有一篇文章能流傳給後代的話，那應該是「所有東西皆由原子所構成」[※]。

　　世界所有的物質都是由「原子」所組成。包括地球、空氣還有我們自己，都是原子集合而成的。原子的平均直徑僅1000萬分之1毫米（0.0000001毫米），而人體的細胞大小有100分之1毫米（0.01毫米），可以想見原子有多小了吧！假設將高爾夫球放大至與地球一樣大時，那原本的高爾夫球就相當於原子的大小。高爾夫球之於一個原子，相當於地球之於一顆高爾夫球的大小。

※：摘自《費曼物理學講義 I 力學》（天下文化於2018年出版）

高爾夫球 （直徑約4公分）	原子 （直徑約 10^{-10} 公尺）
地球（直徑約1萬3000公里）	高爾夫球

原子極其微小
原子的大小僅 10^{-10} 公尺（1000萬分之1毫米）。原子之於高爾夫球，即高爾夫球之於地球，「原子的直徑：高爾夫球的直徑≒高爾夫球的直徑：地球的直徑」。

原子的模樣

原子由位於中央的「原子核」與原子核周圍如雲霧一般的「電子」所構成。原子核的大小僅占原子整體的 1 萬分之 1 至10萬分之 1，其實真正的原子核微小到連一個點都畫不出來。

所有原子皆由三種 「粒子」所構成

原子非常微小。會這樣說，是因為我們肉眼所見的物體是由極多數的原子或分子（多個原子的組合）堆疊而成。

例如，1茶匙（5毫升）的水，所含的水分子數（1個氧原子＋2個氫原子）高達$1.7×10^{23}$個（1700萬億億個）。這數量遠多於地球總人口數的76億人，也遠多於太陽系所屬的銀河系中的1000億個恆星。

原子的中心是帶有正電的原子核（atomic nucleus），其周圍則分布著帶負電的「電子」（electron）。原子核由帶正電的「質子」（proton）與不帶電的「中子」（neutron）所組成。所有的原子都是由電子及質子、中子這三種粒子組合而成。意即不論岩石、人類或電器用品，都是由這三者所構成。

原子的構造

所有的原子都是由電子及質子、中子這三種粒子組合而成。電子帶負電，質子帶正電。由於一個原子裡所含的電子數等於質子數，負電跟正電會互相抵消，所以原子保持電中性的狀態。

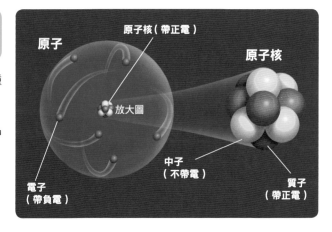

原子

原子核（帶正電）

原子核

放大圖

電子（帶負電）

中子（不帶電）

質子（帶正電）

專欄 COLUMN 利用原子互斥擊球

假設現在要用球棒打球，球棒的表面有原子，原子表面帶有負電的「電子」，球的表面也一樣，當原子跟原子被推擠到非常靠近時，兩者的負電會因為電力而互斥，球就被球棒打飛出去了。走路時腳不會陷進地裡，也是因為表面會互斥。身邊一些稀鬆平常的現象，追根究柢，很多都跟電子有關。

原子　　原子

互斥力　互斥力

數量極多的原子

地球的人口數約為7.6×10^9（76億人），銀河系中的恆星約為10^{11}個（1000億個）。這些一個個的恆星都有如地球般的行星，即使假設上面住著跟地球同樣的人口，也才7.6×10^{20}人。而 1 茶匙的水所含的分子數已遠多於這些數量。

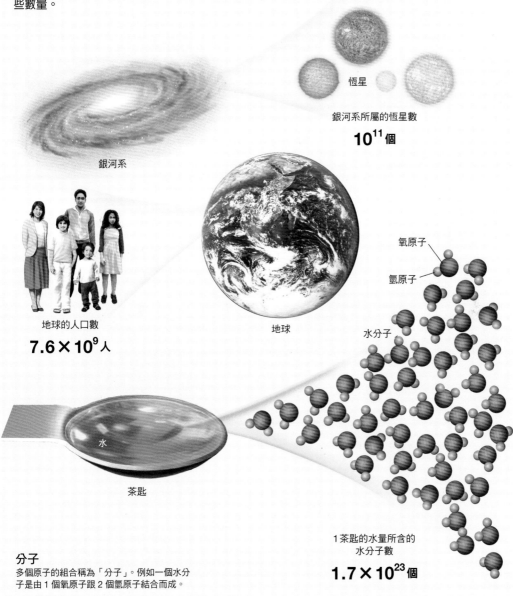

恆星

銀河系所屬的恆星數

10^{11}個

銀河系

地球的人口數

7.6×10^9人

地球

氧原子

氫原子

水分子

1 茶匙的水量所含的水分子數

1.7×10^{23}個

水

茶匙

分子

多個原子的組合稱為「分子」。例如一個水分子是由 1 個氧原子跟 2 個氫原子結合而成。

如雲霧般分布
的電子

關於原子的模樣，物理學家曾經爭論不休。其結果造就現在所謂的量子力學（quantum mechanics），或稱量子論※。在發明量子力學之前，電子是繪成在固定的軌道上運動的粒子。現在也還常看見這樣的圖畫，但嚴格來說，這已被許多科學家否定了。他們利用數學式，揭露原子的真實樣貌。

量子力學認為，電子會模糊不定地存在於特定的區域上，像雲霧一般地分布著。這個可能存在有電子的區域稱為「電子雲」（electron cloud），電子在每個區域分布的程度不一樣，有著不同的分布密度。

原子之間會透過交流或共享電子來結合，這就是「化學反應」（chemical reaction）。氫跟氧結合會產生水也好，燒東西的「燃燒」也好，都是化學反應的一種。燃燒是物質的原子跟氧原子共享電子而結合，同時發出光和熱的過程。

※：解釋原子和電子等微觀世界的一門學問。

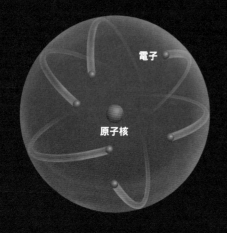

過去的原子圖像
如粒子般的電子遵循軌道運行著。現在也常繪製這樣的圖畫，但嚴格來說，已被許多科學家，包括薛丁格及玻恩等人所否定。

薛丁格
（Erwin Schrödinger，1887～1961）
1926年提出以波動方程式解釋具有波性質的電子運動。1933年諾貝爾物理學獎得主。

玻恩
（Max Born，1882～1970）
1926年發表「機率詮釋」（probability interpretation）。自此，電子便繪成雲霧般的模樣。1954年諾貝爾物理學獎得主。

只位於某一點的電子

量子論認為，電子在觀測前不會固定於原子中的哪個位置。電子雖然是「一個電子」，但它們同時存在於原子核周圍各處（如圖左側）。但實際觀測後，電子只會存在於某一個點（如圖右側）。

觀測後的
原子示意圖

電子

原子核

以量子力學為基礎的
觀測前原子示意圖

密度
大
小

機率密度
電子分布的密度不一，這個密度稱為「機率密度」。右圖為原子中一個電子可存在的區域立體示意圖。代表三個同心圓的球狀雲。

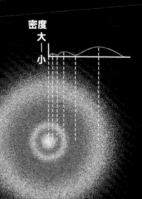

探究「物質根源」的漫長旅程

將物質不斷分割下去的話，最後到底會變成什麼東西呢？距今約2500年前，希臘哲學家就思考過萬物的根源為何。其中德謨克利特斯（Democritus，約前460～前370）主張「萬物

是由微小的粒子所構成」，其粒子稱為「原子」（atom），這在希臘文中是指「無法再分割的東西」。原子種類因物質而異，據說他們認為有所謂「人類靈魂的原子」。

但是，也有人反對上述的「原子說」。其代表人物便是哲學家亞里斯多德（Aristotle，約前384～前322）等人所支持的四元素說。四元素說認為「所有物質皆由『火、水、土、空氣』所

亞里斯多德的四元素說

西元前5世紀，古希臘的恩培多克勒認為萬物的根源為「火、水、土、空氣」。之後，亞里斯多德引用了此假說，並加上「熱」和「冷」等感受性特質的解釋。

火

空氣

土

水

亞里斯多德
（西元前384～前322）

德謨克利特斯認為「萬物是由原子所構成」，原子在虛空（空無一物的空間）中運動。而亞里斯多德則主張萬物皆由看不見的物質所填充，不存在虛空。物質分解到最細微會變成什麼東西？物質到底是由什麼組成的？關於這些問題，科學家展開了2000年以上的論戰。

組成」。包括亞里斯多德在內的許多科學家，都認為這些元素不是粒子。四元素說受到眾人支持長達2000年之久，到了中世紀，人們認為調配這四種元素就能製造出黃金，遂發展出鍊金術。

發起化學革命的拉瓦節

在18世紀後半葉出現和四元素說全然不同的假說。此時還沒有教授化學的專門學校跟研究所，大部分的化學家是在從事正職工作之餘做研究。其中法國化學家拉瓦節（Antoine Lavoisier，1743～1794）在自己的實驗室內一直反覆觀察東西燃燒及形成晶體的情況。於是，關於物質是由什麼東西組成這點，他有了新的想法。

拉瓦節認為：「若分解生活周遭的東西，最後都會找到構成該東西的『元素』。」而且，他還主張「水是氫和氧的結合，水本身並不是元素」。如此一來，便否定了從希臘時代崇尚至當時的亞里斯多德的四元素說。接著在1789年，拉瓦節發表了由鐵、金、銀、汞（水銀）、碳、氧、磷、光素、熱素等33種元素形成的元素表。當然，以現在的觀念來看，光跟熱不屬於元素。但是，拉瓦節的思維影響了許多科學家，成為推動發現新元素的原動力。

拉瓦節確立新的元素觀

拉瓦節研究燃燒的機制，發現了氧。在公開發表的實驗上，他以一個大透鏡匯聚太陽光，燃燒置於密閉玻璃容器中的鑽石，把鑽石轉變成了二氧化碳。他於1789年出版的《化學基礎論》中，將元素定義為「不能再分解的簡單物質」。

金　光素、熱素　銀　鐵　煤　磷　氧　水銀

拉瓦節
（1743～1794）

拉瓦節的父親是位律師，所以拉瓦節自幼學習法律。後來漸漸對化學產生了興趣，所以一邊當稅務官替政府徵收稅金，一邊則在閒暇時做多種化學實驗。但是1794年在法國大革命時，因身為稅務官而遭到處刑。根據留下的實驗紀錄，發現他已經在進行有機物的研究。

道耳吞發明新的原子說

1805年，英國的物理學家暨化學家道耳吞（John Dalton，1766～1844）發表劃時代的指標性學說來解釋元素之間的排列，那就是元素的「重量」。

當時，因為拉瓦節曾發表將氫跟氧混合並點火就會產生水的實驗，已知水是由氫跟氧所構成，而且在形成水時，消耗掉的氫跟氧的重量比總是會維持固定比例。因此道耳吞認為，氫和氧有「最小單位的粒子」，其粒子總是以固定的比例結合。最小單位的粒子指的就是原子。

而且，他認為相同種類的原子，重量（質量）亦會相同。例如只要是氫，每個氫原子的重量都一樣。道耳吞將氫原子的重量定義為1時，其他原子的重量就稱為「原子量」（atomic weight）。這個原子量的觀念，現在仍被接受並使用。

道耳吞認為的原子符號及其原子量

符號	名稱與道耳吞的原子量	現在的原子量	符號	名稱與道耳吞的原子量	現在的原子量
⊙	氫 ⋯⋯⋯ 1	1.008	Ⓘ	鐵 ⋯⋯⋯ 38	55.845
⊘	氮 ⋯⋯⋯ 5	14.007	Ⓩ	鋅 ⋯⋯⋯ 56	65.38
◯	碳 ⋯⋯⋯ 5	12.011	Ⓒ	銅 ⋯⋯⋯ 56	63.546
◯	氧 ⋯⋯⋯ 7	15.999	Ⓛ	鉛 ⋯⋯⋯ 95	207.2
⊗	磷 ⋯⋯⋯ 9	30.974	Ⓢ	銀 ⋯⋯⋯ 100	107.868
⊕	硫 ⋯⋯⋯ 13	32.065			
⦀	鉀 ⋯⋯⋯ 42	39.098			

左圖為道耳吞所繪製的酒精（乙醇）符號。可知當時他認為酒精是由1個氫與3個碳所構成（實際上是C_2H_6O）。

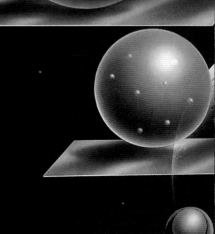

道耳吞

1803年，道耳吞發表了世界上最早的原子符號。接著在1805年發表劃時代的指標性學說「原子量」（元素的重量）來解釋元素之間的排列。道耳吞從拉瓦節的實驗中推估當定義氫的原子量為 1 時，氧的原子量為 7。然而實際上氧的原子量為16，這是因為道耳吞以為水分子是由 1 個氫原子跟 1 個氧原子結合成「HO」，加上當時實驗結果不正確的緣故。

以「碳」作為元素基準的理由

位於原子中的原子核是由質子與中子所構成。質子的數量因原子而異,但中子的數量卻不一定。以氫為例,氫原子一定有1個質子,但卻分成0個跟1個、2個中子的氫原子。即使同樣是氫,也有分較輕的氫跟較重的氫。像這樣質子數相同但中子數不同的元素稱為「同位素」(isotope)。所有元素都有發現同位素。

一個原子的重量極其微量。例如以氫來說,大約重0.00……00167克。此值的小數點後有23個0,難以使用,因此便產生以一個原子為基準,其他原子相當於此原子幾倍的定義方

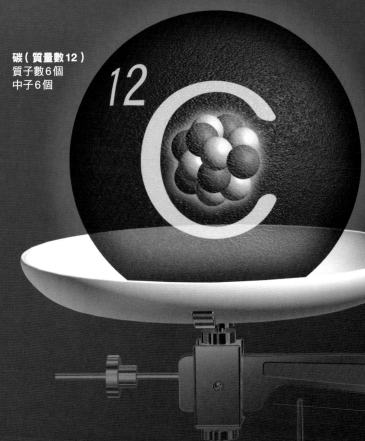

以碳為基準的重量
假設1個碳^{12}C(質量數12)的1個原子質量剛好是12,就能求出其他元素的1個原子相對質量。這是質量的相對值,沒有單位。

碳(質量數12)
質子數6個
中子6個

幾種不同的質量

「絕對質量」(absolute mass)是指物質本身的重量。「質量數」是指原子的質子與中子個數的總和。「相對質量」(relative mass)則是指以特定原子為標準時,其他原子相當於該原子的幾倍。以氫為例,上面三個數值分別是「約0.00……00167」、「1」、「以碳為12時,氫為1」。

法。19世紀初期，曾主張使用「氫」作為標準元素。但是，當時是透過測量元素化合時的質量比來求出原子量，所以改成以跟許多元素結合的「氧」為標準，定義氧的原子量為100（1820年左右）。

但是問題又來了，隨著愈來愈多元素被發現，出現了超過1000以上的原子量。因此1898年，國際間決定將氧定義為「16」，以此為基準。

時值19世紀末時，發現氧有3種同位素（^{16}O，^{17}O，^{18}O），元素符號左邊的數字代表「質量數」（mass number）。化學界自那時起，定義氧是「16」，而物理界則比較嚴謹地區分同位素的質量，認為^{16}O才是「16」。

1960年，化學學會與物理學會協議，研討新的元素標準。這是因為物理界過去以^{16}O為標準，會跟化學界使用的標準產生0.027％的誤差。因此最終獲選的是「碳」。以碳（^{12}C）為基準的話，只有0.0043％的誤差而已。而且，求算有效數字到小數點後4位，亦可適用於過去算出的標準。而據說碳的同位素含量比較少，也是被採用的原因之一。

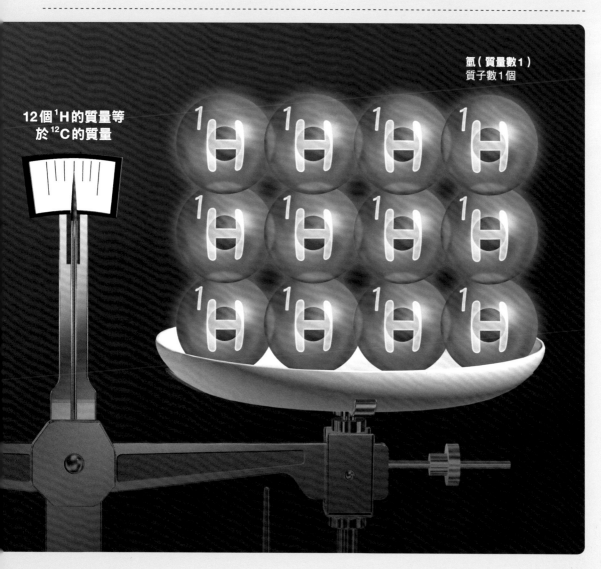

12個^1H的質量等於^{12}C的質量

氫（質量數1）
質子數1個

以卡牌遊戲為靈感 所發明的週期表

18 68年，俄國聖彼得堡大學教授門得列夫（Dmitri Mendeleev，1838~1907）有件煩心事，他正在撰寫化學教科書，但要如何說明這些元素才好呢？當時發現的元素已有63個，有一些性質相近的元素，但無人能明確彙整。某天，門得列夫從自己喜愛的卡牌遊戲中進得靈感，覺得好像可以好好地彙整這些元素了。他在卡片上寫上元素名稱跟原子量，並思考該如何排列，由此注意到化學性質相近的元素有週期性的現象。這就是於1869年發表的「週期表」。門得列夫的週期表是將相同特性的元素整理成一縱列，原子量由小到大排列。其中有多個空格，門得列夫並預言這些未知元素的原子量及性質。

＊改編自1870年德國學術雜誌刊登的週期表。

顯示當時已知的元素符號與原子量。顏色不同的地方代表門得列夫預言的元素。

	I	II	III	IV	V	VI	VII	VIII		
1	H =1									
2	Li =7	Be =9.4	B =11	C =12	N =14	O =16	F =19			
3	Na =23	Mg =24	Al =27.3	Si =28	P =31	S =32	Cl =35.5			
4	K =39	Ca =40	? =44	Ti =48	V =51	Cr =52	Mn =55	Fe =56	Co =59	Ni =59
5	Cu =63	Zn =?	?	?※	As	Se	Br			

門得列夫
（1834～1907）

發明週期表的門得列夫

門得列夫研究各個元素的氧化物及氫化物，他將相同原子價（也稱化合價）的元素依原子價的大小排列。原子價代表「某原子跟多少個其他原子結合」的值。例如形成 H_2O 的氧（O），會跟 2 個氫結合，所以是「2 價」，形成 H_2S 的硫（S）也是 2 價，排列在同一縱列。

門得列夫在週期表上留下空位，預言會出現未知的元素。例如他預言鈦(Ti)的下方會有原子量 72、密度 5.5（g/cm3），其氧化物是液體的下元素（eka-silicon，eka 為「下一個」之意，表中有米的地方），實際上，原子量 72.64、密度 5.323，氧化物為液體的鍺於 1886 年發現。證明預言的正確性。

（週期表卡片，部分可辨識元素）

列						
6	=106	—	—	—	Pt =198	—
7	=85	Ag =108	=88	=87	Ag ...	=100
8	Cs =133	Cd =112	In =113	Sn =118	Ce =140	Te =127
9	Ba =137	Di =138	Ce =140	—	—	—
10	?	Er =178	La =180	Ta =182	W =184	Os =195
11	Au =199	Hg =200	Tl =204	Pb =207	Bi =208	Ir =197
12	?	—	—	Th =231	U =240	—

週期表隨著科學進步逐漸完善

18 90年代陸續發現氪跟氬等新元素。這些元素與當時已知的元素性質截然不同，科學家為了沒辦法將其放進週期表而煩惱，便有人主張門得列夫的週期表有誤。不過幾經討論後，決定增加新的縱列（族）來處理這些新元素。到了20世紀，才明白元素會產生多種不同的特性，是因為電子的緣故。儘管門得列夫不懂原

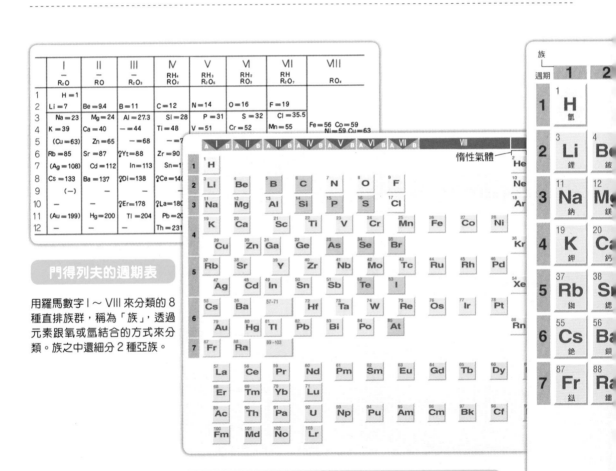

門得列夫的週期表

用羅馬數字 I ～ VIII 來分類的 8 種直排族群，稱為「族」，透過元素跟氧或氫結合的方式來分類。族之中還細分 2 種亞族。

改良過的週期表（短式週期表）

增加原本門得列夫版週期表所沒有的惰性氣體。因為惰性氣體（如氪跟氬）的原子基本上不會產生反應，所以原子價為 0。因此，原本置於原子價為 1 的「鹼金屬」左側，不過20世紀後繪製的短式週期表，被配置於最右側。

子的構造，但他憑精銳的洞察力排出正確的週期表。

150多年來週期表隨著科學進步逐漸完善，但型態上並沒有太大的變化，維持著基本架構並排進了更多的元素，現在也肩負化學上重要的「導覽圖」功能。

現在的週期表（長式週期表）

最初的長式週期表是在1905年由瑞士化學家維爾納（Alfred Werner，1866～1919）所製成，現在國際上採用的標準為1～18族，1～7個週期。門得列夫繪製的週期表當時已有63個元素。在150年後的2019年，已增加至118種。另外，第113號元素是由日本人所發現的（詳見第40頁）。

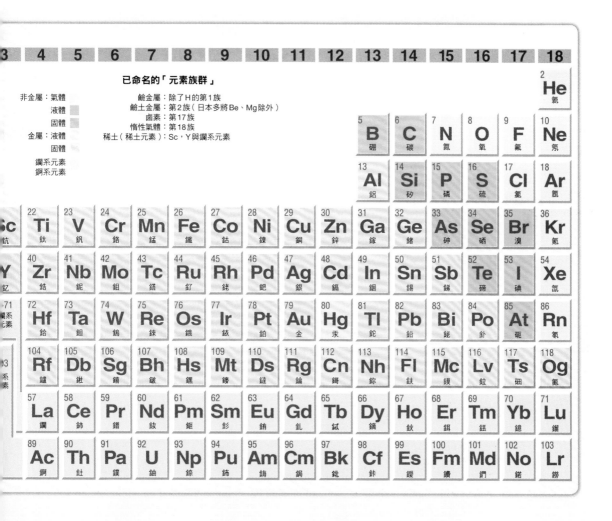

最外殼層的電子數決定元素的特性

原子是由原子核（質子與中子）及電子所構成。而電子位於原子核周圍的幾層「電子殼層」（electron shell）上。電子殼層會決定電子能進入的「空位」數，由內層向外依序入座。

當電子最外層的殼層（最外殼層）有空位時，就容易跟其他的元素發生反應。引起反應的肇事者，就是位於最外殼層的電子，稱為「最外殼層電子」，該數量即決定元素的化學性質。以氫的化學性質為例的話，就是和氧結合會產生水。

最外殼層電子中，跟化學反應與原子之間結合相關的電子稱為「價電子」（valence electron）。價電子（最外殼層電子）數量相等的元素，化學性質也會類似。以現在的週期表來說，最外殼層電子數相同的元素排成一直行，性質相似的元素有哪些也就一目瞭然。

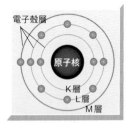

電子組態
電子位於不同的電子殼層上。從其內側起分成「K層」、「L層」、「M層」，各電子殼層能固定容納的最多電子數分別為 2 個、8 個、18個。原子核的實際大小僅原子的萬分之 1 至10萬分之 1。

第1族

H
氫

第2族

Li
鋰

第13族

Be
鈹

B
硼

Na
鈉

Mg
鎂

Al
鋁

第1族的特性
價電子數：1
最外殼層的電子有1個，容易失去電子，所以常形成 1 價的陽離子。

第2族的特性
價電子數：2
最外殼層的電子有2個，容易失去電子，所以常形成 2 價的陽離子。

第13族的特性
價電子數：3
最外殼層的電子有 3 個，容易失去電子，所以形成 3 價的陽離子。

跟發生反應有關的「價電子」

最外殼層電子中，和發生化學反應與原子間結合有關的電子稱為「價電子」。由於 1～17 族的電子有空位，所以會產生多種不同的反應。但是像第 18 族（惰性氣體），當空位全部填滿時，就很難跟其他的原子發生反應。

第 18 族

He
氦

第 14 族

C
碳

第 15 族

N
氮

第 16 族

O
氧

第 17 族

F
氟

Ne
氖

Si
矽

P
磷

S
硫

Cl
氯

Ar
氬

第 14 族的特性
價電子數：4
最外殼層的電子有 4 個，因此能跟 4 個原子結合。

第 15 族的特性
價電子數：5
最外殼層的電子少 3 個，所以常會搶奪電子並形成 3 價的陰離子。

第 16 族的特性
價電子數：6
最外殼層的電子少 2 個，所以常會搶奪電子並形成 2 價的陰離子。

第 17 族的特性
價電子數：7
最外殼層的電子少 1 個，所以常會搶奪電子並形成 1 價的陰離子。

第 18 族的特性
價電子數：0
最外殼層已填滿電子，所以很難跟其他原子發生反應。

氫原子是所有原子的根源

宇宙中數量最多的原子是占約總數 92.1％的「氫原子」，原子個數在宇宙中是壓倒性地多。

宇宙誕生約 3 億年之後，以氫形成的第一個恆星開始發光。恆星因其中心產生氫的核融合反應（nuclear fusion）而熠熠生輝，一般認為恆星的核融合反應會先從氫產生氦，再形成碳、氧、氖、鎂、矽、鐵等元素。所有的元素都是源自於氫。

宇宙中，星球與星球之間的空間稱為星際空間（interstellar space），又稱太空，存在許多單個氫原子形態（H）。而在地球上，幾乎沒有這種形態的氫。因為氫原子具有容易跟其他原子結合的特性，在地球表面附近，氫原子會跟氧原子結合成水，或是跟碳原子結合成有機化合物等。大氣中微量的氣態氫（H_2），也是由 2 個氫原子結合而成。

質子與中子的融合

自宇宙誕生約 3 分鐘後，質子與中子發生撞擊而融合。形成氘、氚※、氦的原子核。

※：氫有 3 種同位素。大多數的氫（^1H）只有 1 個質子、0 個中子，但還有 1 個質子、1 個中子的「氘（^2H）」，及 1 個質子、2 個中子的「氚（^3H）」。

基本粒子

宇宙的誕生

暴脹
自宇宙誕生約 10^{-36} 秒後，發生稱為「暴脹」的急速膨脹，宇宙因此擴大了 10 的好幾十次方。

時間行進的方向 →

大爆炸
自宇宙誕生約 10^{-33}～10^{-30} 秒後，宇宙變成超高溫與超高密度的狀態，這灼熱宇宙的誕生稱為大爆炸。

氫原子是所有原子的源頭

宇宙自誕生至今，約過了138億年。起初，氫的原子核產生氫原子跟氦原子，之後，由氫形成的恆星相繼產生了質量較大的重元素。

恆星

氦原子

氦原子核

粒子與反粒子的
湮滅（對消滅）

中子

氫原子

質子

質子與中子的誕生

自宇宙誕生約10^{-5}秒後，基本粒子的夸克聚集在一起，產生質子（氫的原子核）與中子。基本粒子是指無法再分割的最小粒子。

質子與中子的融合

自宇宙誕生約 3 分鐘後，質子與中子發生碰撞並融合。形成氘、氚、氦的原子核。

原子的誕生

自宇宙誕生約37萬年後，氫的原子核跟氦的原子核捕捉到電子，形成了原子。

星球跟星系的誕生

宇宙誕生約 3 億年後，氫形成的最初恆星因核融合反應而開始發光。在後來的 5 億年間，不規則形狀的星系互相合併，形成更大的星系。一般認為太陽系誕生於宇宙誕生後約92億年後，距今約46億年前。

與人類生活息息相關的碳跟矽

我們身邊的物質中，最具功能性的就是「第14族」，其中的代表是碳跟矽。它們能和許多不同種的原子結合，形成多樣化的物質或是晶體。

例如鉛筆的筆芯是用碳（石墨）跟黏土燒製固結而成。還有強度比同重量的鋼鐵高80倍的奈米碳管（carbon nanotube），是在各項領域都很有應用潛力的新世代材料，用於汽車跟太空船的材料等。構成我們身體的蛋白質，也是由具有碳成分的胺基酸所組成的。

另一方面，矽元素在地殼（地球表面）的含量僅次於氧，自古就有多項用途，例如製造玻璃跟水泥。而現在還會用於電腦等電子產品配備的大型積體電路（large scale integration），及太陽能電池等。遍布全世界海底的光纖電纜，高速且可以傳遞大容量的訊息，也是用矽製造出來的。

有「4 隻手」的第 14 族元素
第 14 族能使用「4 隻手」跟多種不同的原子結合。

大型積體電路

運用於多項工業產品的矽

矽是地殼中含量第 2 多的元素，蘊藏於岩石等處，像是水晶或石英，是以矽的化合物為主成分的礦物。矽亦廣泛運用於日常生活，包括玻璃、水泥、拋棄式隱形眼鏡、電子產品等。

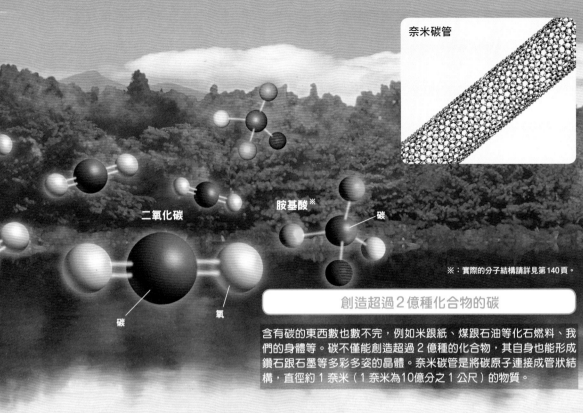

奈米碳管

二氧化碳

胺基酸※

碳

碳

氧

※：實際的分子結構請詳見第140頁。

創造超過2億種化合物的碳

含有碳的東西數也數不完，例如米跟紙、煤跟石油等化石燃料、我們的身體等。碳不僅能創造超過 2 億種的化合物，其自身也能形成鑽石跟石墨等多彩多姿的晶體。奈米碳管是將碳原子連接成管狀結構，直徑約 1 奈米（1 奈米為10億分之 1 公尺）的物質。

矽

氧

二氧化矽

容易跟水反應的鹼金屬

位　在週期表最左側的是「鹼金屬」。這族金屬的特性是質地柔軟且輕，比如鋰跟鈉軟到可以用刀子切開，而另一大特點是活性很強，例如，在沾濕的濾紙上放一塊鈉或鉀，就會產生強烈的火焰，鉫跟銫甚至會跟空氣中的水分或氧產生反應而爆炸。

　為什麼會發生上述這些現象呢？化學反應是透過交流電子而進行的，鹼金屬元素的最外殼層電子（位於原子最外殼層上的

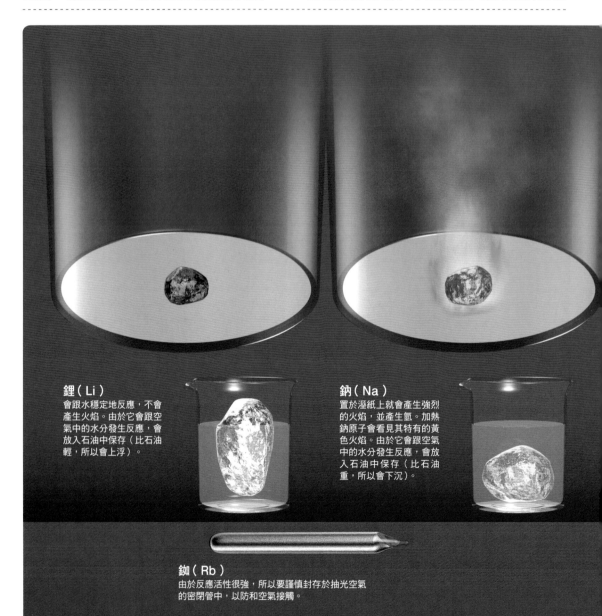

鋰（Li）
會跟水穩定地反應，不會產生火焰。由於它會跟空氣中的水分發生反應，會放入石油中保存（比石油輕，所以會上浮）。

鈉（Na）
置於溼紙上就會產生強烈的火焰，並產生氫。加熱鈉原子會看見其特有的黃色火焰。由於它會跟空氣中的水分發生反應，會放入石油中保存（比石油重，所以會下沉）。

鉫（Rb）
由於反應活性很強，所以要謹慎封存於抽光空氣的密閉管中，以防和空氣接觸。

電子）只有 1 個，很容易傳遞給其他原子，而傳遞給其他原子的反應時間又很短，便容易出現劇烈的現象。當把電子傳遞給其他原子時，已經填滿「空位」的內側電子殼層，就會如最外殼層電子般，呈現安定的狀態。

另外，鍅是天然存在的放射性元素，由錒衰變生成。其半衰期（half-life）（原子核衰變至半數所需的時間）非常短，地球上含量也很少，大致上沒什麼用途，目前還不清楚它的化學性質。

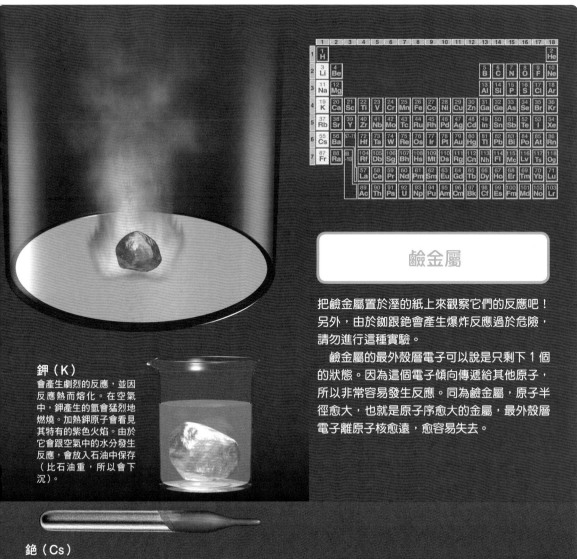

鹼金屬

把鹼金屬置於溼的紙上來觀察它們的反應吧！另外，由於銣跟銫會產生爆炸反應過於危險，請勿進行這種實驗。

鹼金屬的最外殼層電子可以說是只剩下 1 個的狀態。因為這個電子傾向傳遞給其他原子，所以非常容易發生反應。同為鹼金屬，原子半徑愈大，也就是原子序愈大的金屬，最外殼層電子離原子核愈遠，愈容易失去。

鉀（K）
會產生劇烈的反應，並因反應熱而熔化。在空氣中，鉀產生的氫會猛烈地燃燒。加熱鉀原子會看見其特有的紫色火焰。由於它會跟空氣中的水分發生反應，會放入石油中保存（比石油重，所以會下沉）。

銫（Cs）
鹼金屬中反應活性最大的金屬。在空氣中或常溫下會馬上氧化，與水反應會爆炸。謹慎封存於抽光空氣的密閉管中，以防和空氣接觸。

焰色反應揭曉
金屬元素的真實身分

有時候煮菜從鍋緣溢出時，瓦斯的火焰顏色會變成黃色，這是因為鍋中的湯汁含有鈉（食鹽是氯化鈉）。溶有金屬的水溶液一遇到火焰，其中的元素就會釋放出其特有的光芒，這個現象稱為焰色反應（flame reaction），是區分金屬元素的方法之一。太陽中含有哪些元素，也可以利用這個原理來證明。

焰色反應是利用火焰的顏色區分金屬。「黃」是鈉，「暗紅」是鍶，「綠」是銅。此外，在爪哇島上名為伊真火山（Ijen volcano）的礦山中，挖掘出來的硫黃會自燃，所以一到夜晚就會看到稱為藍火的藍白色火焰山。

焰色反應經常以鋰、鈉、鉀等鹼金屬為例，因為它們不需高溫就容易產生燃燒反應，肉眼亦可容易觀察發光顏色。

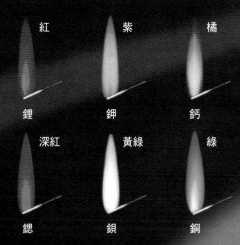

紅	紫	橘
鋰	鉀	鈣
深紅	黃綠	綠
鍶	鋇	銅

元素固有的焰色
焰色反應也應用於煙火。火藥中所含的多種金屬原子會散發出其元素的固有焰色。

焰色反應

鈉會發出黃色的火焰

電子透過獲得能量或失去能量來移動至其他的電子軌域。在焰色反應中，首先電子會從熱得到能量，飛移至外側的軌域（1）。由於飛移後的電子處於不穩定的狀態，會再度移回原本的軌域。此時，電子會以發光的形式釋出能量（2），發光釋出的能量大小依元素而異，所以研究釋出光線的波長就可知道含有什麼元素。插圖以鈉為例繪製而成。

2. 能量馬上以光的形式
釋放出來，回到原本
的軌域。

電子

1. 受熱後躍遷到
高能量的軌域。

3s 軌域

3p 軌域

4s 軌域

4p 軌域

黃色的光

以鉑線沾取金屬氯化物等試料水溶液，並插入正在燃燒的火焰時，就會顯示出金屬固有的焰色（插圖以鈉為例）。

鉑

紫外線

幾乎不跟其他原子發生反應的惰性氣體

週期表最右側的族是「惰性氣體」，很難跟其他元素發生反應，因此而得名。

我們生活中處處可見使用惰性氣體特性的例子。例如深海潛水用的氧氣筒，通常潛水用的氧氣筒會使用空氣，但在水深超過10公尺以上的高壓地方潛水時，空氣中的氮會溶進血液中，於急速上浮時在體內形成氣泡，有時會造成腦傷（潛水夫病）。為了防止這種情況，會混入不跟體內物質反應的氦或氖來代替氮。

此外，氦比空氣輕，接近火源也不會燃燒，所以會用於氣球、熱氣球、飛艇，使它們漂浮起來。

惰性氣體原子之間的鍵結力非常小，難以形成固體或液體的狀態（一般在常溫下為氣體）。也就是說，沸點跟熔點都很低。例如氦的沸點為零下268.928℃，在所有元素中是最低的。

深海潛水用的氧氣筒
為防止潛水夫病，深海潛水用的氧氣筒會混合一些難以溶解進血液中的惰性氣體代替氮，比如氦或氖。即使吸入惰性氣體也不會跟體內的物質發生反應，對身體較無害。

跟氫的特性完全相反的惰性氣體

氫氣一接近火源就會產生爆炸性燃燒，是因為氫很容易跟其他原子結合。而氦跟氖等惰性氣體，幾乎不跟其他原子發生反應，是因為各個電子殼層都已填滿的關係。日常生活中到處都會利用到惰性氣體的特性。

變聲氣體
在聲帶附近填滿混入氦的「變聲氣體」時，聲帶的振動會跟平常不一樣，所以傳遞出來的聲音聽起來就會不一樣。

1	2	3	4	5	6	7	8	9	10	11	12	13	14	15	16	17	18
1 H																	2 He
3 Li	4 Be											5 B	6 C	7 N	8 O	9 F	10 Ne
11 Na	12 Mg											13 Al	14 Si	15 P	16 S	17 Cl	18 Ar
19 K	20 Ca	21 Sc	22 Ti	23 V	24 Cr	25 Mn	26 Fe	27 Co	28 Ni	29 Cu	30 Zn	31 Ga	32 Ge	33 As	34 Se	35 Br	36 Kr
37 Rb	38 Sr	39 Y	40 Zr	41 Nb	42 Mo	43 Tc	44 Ru	45 Rh	46 Pd	47 Ag	48 Cd	49 In	50 Sn	51 Sb	52 Te	53 I	54 Xe
55 Cs	56 Ba	57-71	72 Hf	73 Ta	74 W	75 Re	76 Os	77 Ir	78 Pt	79 Au	80 Hg	81 Tl	82 Pb	83 Bi	84 Po	85 At	86 Rn
87 Fr	88 Ra	89-103	104 Rf	105 Db	106 Sg	107 Bh	108 Hs	109 Mt	110 Ds	111 Rg	112 Cn	113 Nh	114 Fl	115 Mc	116 Lv	117 Ts	118 Og

57 La	58 Ce	59 Pr	60 Nd	61 Pm	62 Sm	63 Eu	64 Gd	65 Tb	66 Dy	67 Ho	68 Er	69 Tm	70 Yb	71 Lu
89 Ac	90 Th	91 Pa	92 U	93 Np	94 Pu	95 Am	96 Cm	97 Bk	98 Cf	99 Es	100 Fm	101 Md	102 No	103 Lr

日光燈

Ar

白熾燈
白熾燈是用電流過鎢（鎢絲），並產生2000℃～3000℃的高溫來放射光線。鎢跟氧結合後，熔點會降低並蒸發掉。因此燈泡中會充填氬，抑制鎢跟氧結合來防止鎢蒸發。

He

氦不會燃燒
氦比空氣輕，具有接近火源也不會燃燒的特性，所以常當作氣球跟熱氣球的上浮氣體。

氖
對封裝氖的燈管施以電壓時，就會發出紅色的光線，利用這項特徵的就是霓虹燈。當氖跟其他的惰性氣體一起封裝入燈管時，便能發出多種顏色的光線。

高科技產品 不可或缺的稀土

「稀土」又稱稀土元素或稀土金屬（rare-earth metal），是17個金屬元素的總稱：包含週期表從左數來第3縱列「第3族」的2個元素鈧和釔，還有原子序57的鑭至71的鎦等15個元素（鑭系元素）。

鑭系元素經常會獨立繪製於週期表外，因為其內部結構很奇妙。一般電子是從最接近原子核的電子殼層起依序向外填滿。但是鑭系元素卻是先從最外側的2層電子殼層來填入。每個鑭系元素的內部電子數都相異，但跟化學反應最相關的最外殼層電子的數量卻都相同，形成離子時位於最外側的電子數也相同。因此，它們的化學性質非常相似。

這種原子的內部結構使鑭系元素具有獨特的性質。鑭系元素的特性活用於許多種類的高科技產品材料。

高科技產品 不可或缺的稀土

鈧（Sc）、釔（Y）及原子序57的鑭（La）至71的鎦（Lu）等15個鑭系元素稱為稀土。位於鑭系元素下一排的錒系元素跟鑭系元素一樣，電子都是先從最外的2層電子殼層來填入。

望遠鏡的「高性能透鏡」
鑭用於望遠鏡內的透鏡。它可以減少因光波長不同而改變折射率的現象。

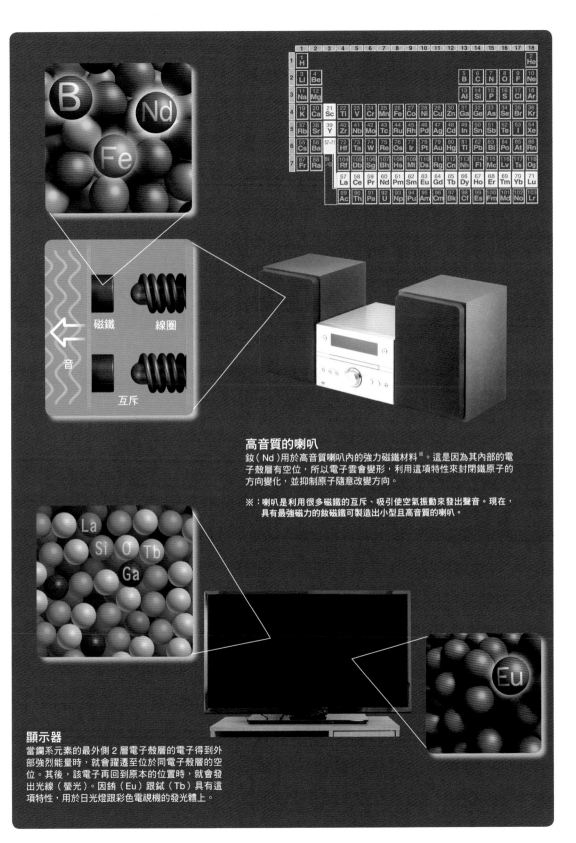

高音質的喇叭

釹（Nd）用於高音質喇叭內的強力磁鐵材料※。這是因為其內部的電子殼層有空位，所以電子雲會變形，利用這項特性來封閉鐵原子的方向變化，並抑制原子隨意改變方向。

※：喇叭是利用很多磁鐵的互斥、吸引使空氣振動來發出聲音。現在，具有最強磁力的釹磁鐵可製造出小型且高音質的喇叭。

磁鐵　　　線圈

音

互斥

La
Si O Tb
Ga

顯示器

當鑭系元素的最外側 2 層電子殼層的電子得到外部強烈能量時，就會躍遷至位於同電子殼層的空位。其後，該電子再回到原本的位置時，就會發出光線（螢光）。因銪（Eu）跟鋱（Tb）具有這項特性，用於日光燈跟彩色電視機的發光體上。

日本人發現的「113號元素」

現在已知的元素有118個。地球上天然存在的元素有92個，其餘都是人工合成出來的。由於這些元素很不穩定（壽命很短），就算過去曾存在於自然界，現在也找不到了。可是有些元素即使壽命很短，有時候也會從其他壽命長的元素衰變而來，並存在於地球上，例如鐳。那麼，人工合成的元素究竟是怎樣創造出來的呢？

要合成質量比較重的元素，必須要像恆星的內部或者是超新星（supernova）爆炸[※1]，或是中子星（neutron star）融合般，原子核跟原子核之間互相黏合，意思就是必須要發生核融合反應。但是，融合並不容易。帶有正電的原子核之間會互相排

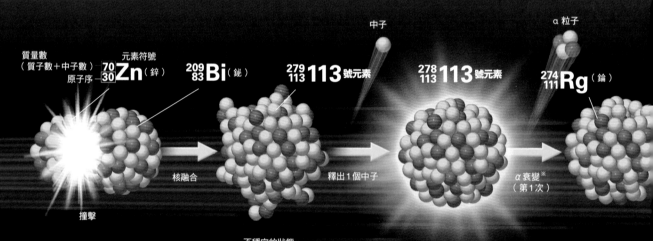

質量數（質子數＋中子數）原子序 $^{70}_{30}$Zn（鋅）

$^{209}_{83}$Bi（鉍）

$^{279}_{113}$113號元素

$^{278}_{113}$113號元素

中子

α 粒子

$^{274}_{111}$Rg（錀）

撞擊　　核融合　　不穩定的狀態　　釋出1個中子　　α衰變[※]（第1次）

113號元素的合成與衰變

上圖為於 2004 年 7 月與 2005 年 4 月成功合成的 113 號元素的衰變過程（衰變路徑）。確認到 4 次 α 衰變之後發生自發分裂（spontaneous fission），但自發分裂後不清楚分裂成什麼元素。2012 年 8 月再次成功合成，衰變路徑是 4 次的 α 衰變（同 2004 與 2005 年）後，再發生 2 次的 α 衰變，變成 101 號元素的同位素 ^{254}Md。因為這條衰變途徑是能確定的，所以提高了理化學研究所團隊的說服力。

斥，要讓二個原子核撞擊，就必須要原子極高速飛撞。有可能完成這件事的，是一種實驗用的儀器，名為「加速器」（accelerator）。加速器可以用電能加速電子或質子、原子核等粒子，使其撞擊。用加速器加速原子核，使原子核跟原子核撞擊並融合，就能產生新的元素。

日本發現的元素「鉨」

短，所以有無未知的元素存在，要透過觀察是由哪個元素以及怎樣衰變來做確認。要觀測衰變後形成的既有元素，並逆推衰變過程來判斷合成的是原子序幾號的元素。日本理化學研究所森田浩介博士的研究團隊[2]成功合成三個「113號元素」。研究團隊因這項成果獲得負責鑑定新元素的國際純化學暨應用化學聯合會（IUPAC）的認可，以發現者的身份得以

將113號元素命名為鉨（Nihonium，Nh）。

未來還會形成多少新元素呢？原子序愈大，合成會變得愈困難。理論上可預測到172號元素，不過要合成這種元素的方法現今尚不清楚。

※1：恆星的臨終。當恆星內部由鐵構成時，就不能再發生核融合，星球會開始急速收縮，最後發生劇烈爆炸。
※2：2015年12月被認可為113號元素（鉨）的發現者。

SECTION
15

nihonium

鉨

由於新元素的壽命非常

※：放出 α 粒子（由2個質子、2個中子構成的氦原子核）。原子序會變成2，質量數會變成4。

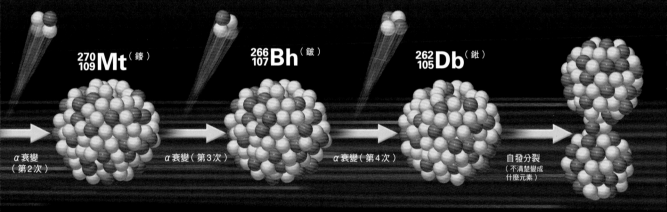

$^{270}_{109}$Mt（䥑）

$^{266}_{107}$Bh（𨨏）

$^{262}_{105}$Db（𨧀）

α衰變（第2次）　　α衰變（第3次）　　α衰變（第4次）　　自發分裂（不清楚變成什麼元素）

近年被認可的元素

週期表自93號之後都是由人工合成發現的元素。2009年112號元素正式承認為新元素，2011年是114號與116號（名稱都於隔年決定）。然後2015年12月是113號與115號、117號、118號元素正式獲得認可。這樣一來總計已有118個元素，以週期表來說，已發現的元素已填滿到「第7週期」。

原子序	年		合成方法	決定名稱年（IUPAC）	名稱（IUPAC）	符號（IUPAC）	中文名
112	1996年	以德國為主的團隊	Zn撞擊Pb而合成	2010年	Copernicium	Cn	鎶
113	2004年	以日本理化學研究所為主的團隊	Zn撞擊Bi而合成	2016年	Nihonium	Nh	鉨
114	2000年	俄羅斯與美國的合作研究團隊	Ca撞擊Pu而合成	2012年	Flerovium	Fl	鈇
115	2004年	俄羅斯與美國的合作研究團隊	Ca撞擊Am而合成	2016年	Moscovium	Mc	鏌
116	2001年	俄羅斯與美國的合作研究團隊	Ca撞擊Cm而合成	2012年	Livermorium	Lv	鉝
117	2010年	俄羅斯與美國的合作研究團隊	Ca撞擊Bk而合成	2016年	Tennessine	Ts	鿬
118	2002年	俄羅斯與美國的合作研究團隊	Ca撞擊Cf而合成	2016年	Oganesson	Og	鿫

原子與原子以多種形式結合

原子與原子的連結稱為「化學鍵」（chemical bond），大致上可分成共價鍵（covalent bond）、金屬鍵（metallic bond）、離子鍵（ionic bond）。

共價鍵是原子之間透過共用電子而鍵結。例如，氫分子（H₂）是由 2 個氫原子以共價鍵結合。水分子（H₂O）也是，它是由 1 個氧原子（O）跟 2 個氫原子（H）以共價鍵形成的。

連結金屬原子並形成金屬晶體即「金屬鍵」，透過位於最外殼層的電子在晶體中自由游移，將原子結合在一起。而且自由電子容易導熱跟導電，賦予金屬光澤或延展性佳的性質。

「離子鍵」是提供電子的正電陽離子與接受電子的負電陰離子，以電力互相吸引而結合。生活中以離子鍵形成的物質以鹽（氯化鈉）為代表。

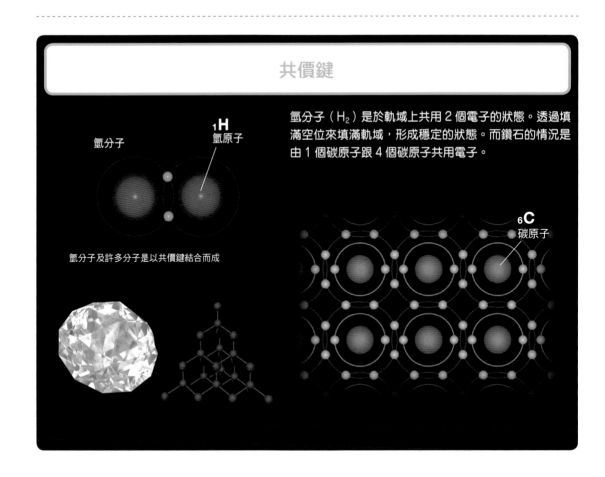

共價鍵

氫分子（H₂）是於軌域上共用 2 個電子的狀態。透過填滿空位來填滿軌域，形成穩定的狀態。而鑽石的情況是由 1 個碳原子跟 4 個碳原子共用電子。

氫分子

₁H
氫原子

氫分子及許多分子是以共價鍵結合而成

₆C
碳原子

金屬鍵

金

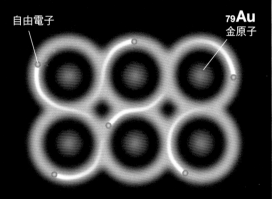

自由電子

79**Au**
金原子

透過最外殼層電子在多個原子間游移而結合。具有連結金屬原子功能的這些電子稱為自由電子。由於自由電子的存在所以金屬具有各式各樣的特性。

離子鍵

鹽（氯化鈉）的氯化物離子（Cl⁻）會吸引鈉離子（Na⁺）靠近。

鹽（氯化鈉）

氯化鈉的晶體中並不會形成所謂的NaCl分子。無論多少個鈉離子與氯離子互相鍵結，鈉離子與氯離子的比例都是1：1，才會以「NaCl」表示。

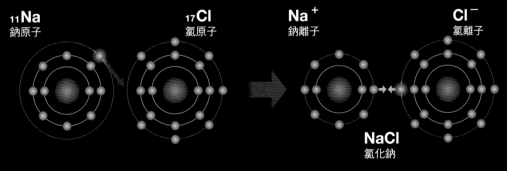

11**Na**
鈉原子

17**Cl**
氯原子

Na⁺
鈉離子

Cl⁻
氯離子

NaCl
氯化鈉

金屬的性質取決於自由電子

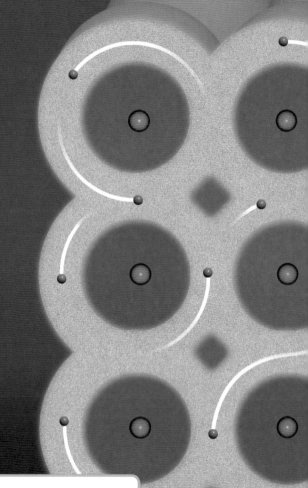

金屬是指許多原子透過「自由電子」結合，並表現出特有性質的物質。看一下週期表就會發現整體的 5 分之 4 都是金屬元素。自由電子顧名思義，是在眾多金屬原子間自由移動的電子，當金屬原子之間結合時，原子的電子殼層會互相重疊，所以原子全部的電子殼層會處於連結的狀態。單獨一個原子時，會將存在於原子核周圍的電子，傳送至晶體中連結的電子殼層，電子會自由游移於整體金屬中。透過這樣的結合，四散的金屬原子就能結合在一起了。

金屬會因自由電子的存在而表現出什麼樣的特性呢？例如用力敲打也不會碎，反而會延伸變長（延展性）。用鎚子敲打金屬時，原子會因為被施力而錯位變形，此時自由電子會跟著原子一起移動，所以原子間仍能保持結合的狀態。

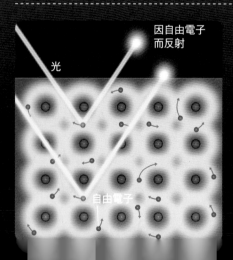

光

因自由電子而反射

自由電子

金屬帶有光澤的原因

傳送給連結的電子殼層並在原子間穿梭的就是自由電子。因為有自由電子，金屬能表現出許多種特性，例如特有的「金屬光澤」，就是因為射進金屬的可見光幾乎都被自由電子反射（實際上自由電子集團會各自吸收不同波長的光再發射出去）。

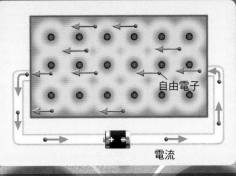

自由電子

電流

自由電子

原子核

為什麼會有電流？

當施加電壓於金屬時，自由電子會從負極流向正極，故能產生電流。另外，電子的流動方向跟電流方向相反。

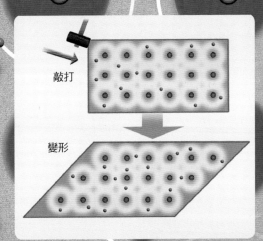

敲打

變形

經敲打延展成薄片

施力於金屬時，自由電子會跟著原子一起移動，所以原子跟原子的之間的連結不會斷掉而只是變形。「金」的這項特性最為明顯，1 公克的金可拉長至3000公尺的金絲，或是敲打成0.0001毫米的薄度。這項特性稱為延展性。

*金屬原子的眾多電子殼層重疊連結在一起的模式如圖示。

形塑水和冰的氫鍵

「**氫**鍵」是指化合物中的氫原子搭成橋梁，分子間依靠電力（靜電引力）結合的現象。例如水跟氟化氫、氨的各分子間以氫鍵連結，因此水和這些分子的沸點會比其他分子量相當的化合物來得高。

水分子會變成水或冰，是因為水分子之間以氫鍵連結。當二個水分子接近時，其中一個水分子中的氫原子帶有正電，會與另一個水分子中帶有負電的氧原子以靜電力互相吸引而連結。

在水（液體）的狀態下，水分子與其他水分子的氫鍵會連了又斷，不停地流動著。另一方面，冰（固體）的狀態下，水分子會規律地形成晶體。

跟水中的水分子相較，冰的水分子形成的結構會有較多的縫隙。這些縫隙沒有原子跟分子的存在，所以跟同體積的水相比時，冰會比水更輕，浮在水面上。一般來說，物質的固體縫隙會比液體的少，所以比較重。水屬於少數的例外。

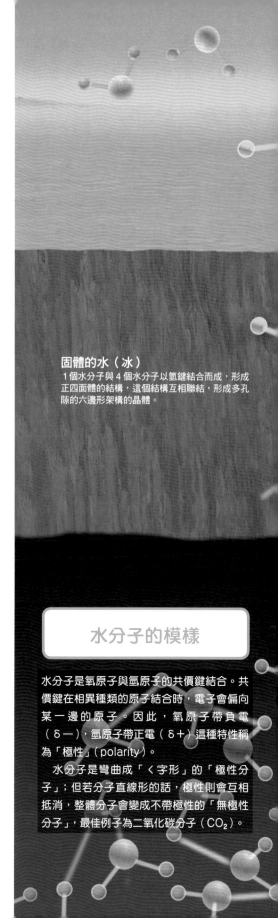

固體的水（冰）
1 個水分子與 4 個水分子以氫鍵結合而成，形成正四面體的結構，這個結構互相聯結，形成多孔隙的六邊形架構的晶體。

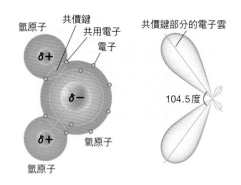

水分子的電子雲
由於氧原子跟氫原子共價鍵部分的電子雲最穩定的角度是104.5度，所以水分子的角度呈現104.5度。

* δ（Delta）是希臘文，代表「很少」的意思。

氫原子
共價鍵
共用電子
電子
δ＋
δ－
δ＋
氧原子
氫原子

共價鍵部分的電子雲
104.5度

水分子的模樣

水分子是氧原子與氫原子的共價鍵結合。共價鍵在相異種類的原子結合時，電子會偏向某一邊的原子。因此，氧原子帶負電（δ－），氫原子帶正電（δ＋）這種特性稱為「極性」（polarity）。

水分子是彎曲成「＜字形」的「極性分子」；但若分子直線形的話，極性則會互相抵消，整體分子會變成不帶極性的「無極性分子」，最佳例子為二氧化碳分子（CO_2）。

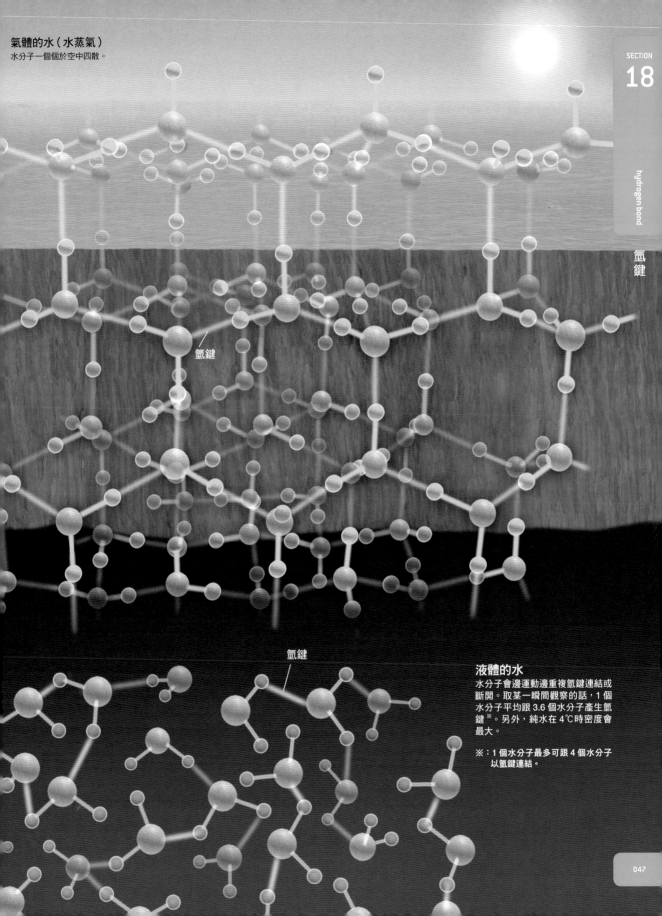

氣體的水（水蒸氣）
水分子一個個於空中四散。

氫鍵

氫鍵

氫鍵

液體的水
水分子會邊運動邊重複氫鍵連結或斷開。取某一瞬間觀察的話，1 個水分子平均跟 3.6 個水分子產生氫鍵[※]。另外，純水在 4℃時密度會最大。

※：1 個水分子最多可跟 4 個水分子以氫鍵連結。

何謂作用於
所有分子的引力？

無 論是氧也好，氮也好，氣體降溫之後都會變成液體或固體。這是因為太冷而運動變慢的分子，藉由作用於分子與分子之間的分子間力（intermolecular force）※聚集的關係，這個引力的源頭主要是「靜電引力」。

例如冰是以作用於水分子跟水分子之間，帶負電的氧原子與帶正電的氫原子間的靜電引力鍵結而成。此時，氧原子會受到來自氫原子的電子帶的負電所吸引而產生「電氣偏差」。

那麼，氫和二氧化碳又是怎樣的情況呢？將它們冷凍，就會變成液態氫跟乾冰，此時作用的引力稱為「凡得瓦力」（Van Der Waals force）。此力因荷蘭物理學家凡得瓦（Van Der Waals，1837～1923）率先提出而得名。

凡得瓦力的真相

凡得瓦力是作用於任何分子上的引力，現在已知其原因主要來自電氣偏差。

在氫分子（H_2）中，由於二個氫原子共用電子，所以基本上沒有電氣偏差。但是，當停在某個瞬間觀察時，電子應該會偏向左側或右側（A）。這個「瞬間的電氣偏差」會發生在所有分子上，這就是凡得瓦力作用的結果。

以整體來看，有些沒有電氣偏差的分子其

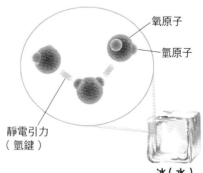

氧原子
氫原子
靜電引力
（氫鍵）
冰（水）

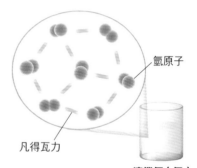

氫原子
凡得瓦力
液態氫（氫）

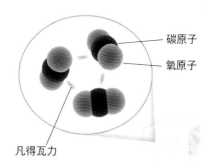

碳原子
氧原子
凡得瓦力
乾冰（二氧化碳）

作用於分子上的引力
構成固體或液體的分子是透過互相吸引的力量而結合。這裡說的引力各有不同，以冰來說是靜電引力，以氫或二氧化碳來說是凡得瓦力，不過追究柢這些力主要都是因為電氣偏差。

局部還是存在有電氣偏差。以二氧化碳為例，二個氧原子的電子會受到中央的碳原子吸引，氧原子帶負電，碳電子帶正電。但是，由於電子同時受到完全相反方向的吸引，所以巨觀二氧化碳時，看起來不是電氣偏差的分子。像這種局部有電氣偏差的分子跟分子之間非常接近時所產生的引力，也稱為凡得瓦力。

電氣偏差同樣會發生在周圍的其他分子上（B）。也就是說，產生的電氣偏差會一直傳播下去，故引力會發生作用。

※：一般認為分子間力有離子間作用力（或稱靜電引力或庫侖力）、氫鍵、凡得瓦力等。這些力的大小有差異，假設凡得瓦力是 1 的話，偶極間交互作用是其10倍，氫鍵是100倍，離子間作用力是1000倍。

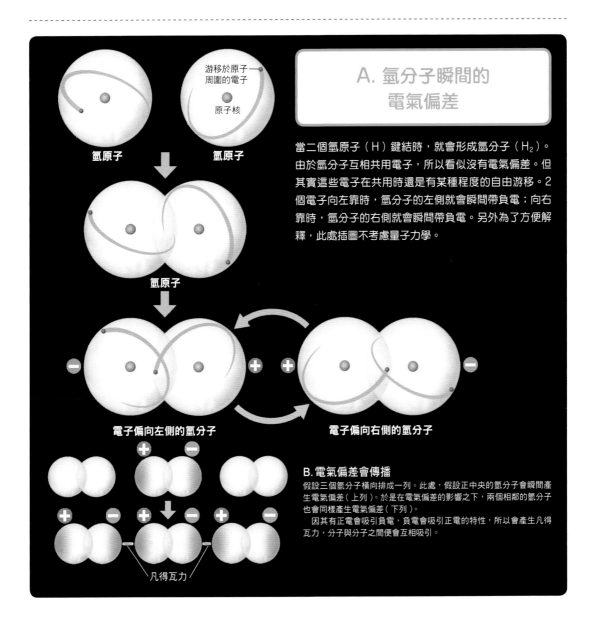

A. 氫分子瞬間的
電氣偏差

游移於原子
周圍的電子

原子核

氫原子　　　　氫原子

氫原子

當二個氫原子（H）鍵結時，就會形成氫分子（H_2）。由於氫分子互相共用電子，所以看似沒有電氣偏差。但其實這些電子在共用時還是有某種程度的自由游移。2個電子向左靠時，氫分子的左側就會瞬間帶負電；向右靠時，氫分子的右側就會瞬間帶負電。另外為了方便解釋，此處插圖不考慮量子力學。

電子偏向左側的氫分子　　　電子偏向右側的氫分子

B. 電氣偏差會傳播
假設三個氫分子橫向排成一列。此處，假設正中央的氫分子會瞬間產生電氣偏差（上列）。於是在電氣偏差的影響之下，兩個相鄰的氫分子也會同樣產生電氣偏差（下列）。
　因其有正電會吸引負電，負電會吸引正電的特性，所以會產生凡得瓦力，分子與分子之間便會互相吸引。

凡得瓦力

COLUMN

源自壁虎的魔術膠帶

壁虎不論在窗戶、牆壁或天花板上都能四處行走不會掉下來，其祕密就在腳底。壁虎的腳底有非常纖細的毛，稱為「纖毛」，據說1平方公分就有10億根纖毛。這些毛愈向末端延伸，愈像掃把一樣分散開來，粗約200奈米（奈米約10億分之1公尺），僅有人類頭髮的300分之1而已。

像玻璃一般看似平面的地方，在顯微鏡尺度下就會看到表面凹凸不平。這些凹凸不平的地方會無縫貼合壁虎超纖細的纖毛，於是壁虎的纖毛跟構成窗戶或天花板的分子間，產生凡得瓦力互相吸引，並支撐住壁虎本身。分子間力比化學鍵弱，所以只要改變腳的角度就能輕鬆抬起腳，於是壁虎便能自由地四處行走。

於太空船大放異彩的「壁虎」

以人工創造出模擬壁虎腳底結構的產品，稱為壁虎膠帶（gecko tape）。日本日東電工公司所研發的壁虎膠帶（Nitto Gecko®）是用奈米碳管重現壁虎的腳底結構，這一款膠帶可以耐零下150℃～500℃，且在極端溫度下，膠帶的成分也不會留存於環境中，所以常用作固定多種不同實驗跟分析材料的黏著膠帶。

壁虎膠帶也開始應用到太空中。在重力極小的宇宙空間中，東西會輕飄地浮起來難以攜帶。因此，NASA研發出來的就是「壁虎夾爪」（gecko gripper），太空人利用這款如「魔術手」般的工具，夾住東西搬運。2016年試用於國際太空站，目前正在研究如何用這個夾爪回收太空垃圾。

NASA還表示，他們計畫透過在小型機器人的腳底安裝壁虎膠帶，讓機器人在太空站外像壁虎一樣四處行走並進行作業。

像壁虎膠帶這種研究與應用動物跟植物等生物具有的特徵（結構或機能）並且開發出多種不同產品，稱為「仿生學」（biomimetics）。從牛蒡草的刺發明出魔鬼氈，或是從翠鳥的喙及貓頭鷹的羽毛得到靈感的日本500系列新幹線列車，也都是仿生學的實例。

日本日東電工公司研發的「Nitto Gecko®」是使用奈米碳管重現壁虎腳底結構的壁虎膠帶。自2015年5月起，已在國際太空站的日本實驗艙「希望」的站外實驗平台，進行長期的耐久性試驗。此外，也於2020年底回到地球的小行星探測器「隼鳥2號」，進行為期6年的耐久性試驗。

＊跟國際太空站連接的「希望」示意圖。圖的左側就是站外實驗平台。

2

生活中的化學

Chemistry in everyday life

diffusion

擴散

分子正在空氣中紛飛

將花朵放置於桌上,香味會在房間中擴散開來。此時若以分子尺度來看,到底發生了什麼事情呢?

物質會從濃度高的地方自然地往濃度低的地方傳播,這種達到濃度一致的現象稱為「擴散」(diffusion)。以花香為例,釋放於空氣中的香味分子會跟紛飛於空氣中的氮分子或氧分子頻繁地碰撞,氮分子或氧分子會以不同速度朝不同方向來碰撞,所以香味分子每次碰撞後就會四處移動。香味分子中,有些轉眼就移動到很遠的地方,有些則不論過多久都還在花的周圍打轉。不過,如果數量愈龐大,經過時間愈久,則其移動距離的平均值就會愈大,所以香味分子會擴散到房間各個角落去[※]。

※:擴散不僅是原子與分子尺度下的碰撞,肉眼尺度所見液體或氣體的流動與晃動所促使的擴散也很可觀。

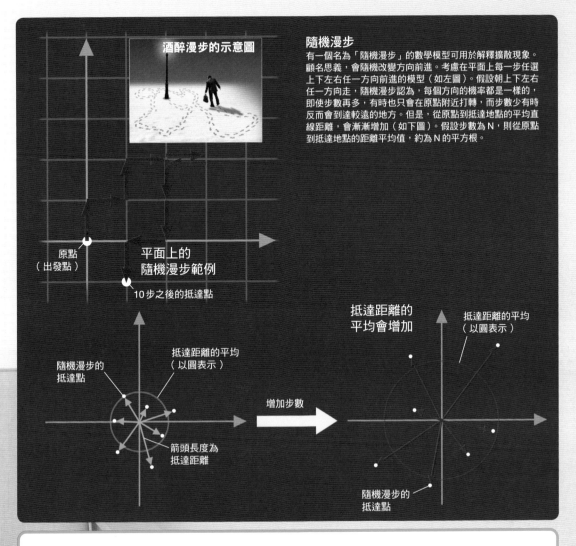

酒醉漫步的示意圖

原點
（出發點）

平面上的
隨機漫步範例

10步之後的抵達點

隨機漫步的
抵達點

抵達距離的平均
（以圖表示）

增加步數

箭頭長度為
抵達距離

抵達距離的
平均會增加

抵達距離的平均
（以圖表示）

隨機漫步的
抵達點

隨機漫步

有一個名為「隨機漫步」的數學模型可用於解釋擴散現象。顧名思義，會隨機改變方向前進。考慮在平面上每一步任選上下左右任一方向前進的模型（如左圖）。假設朝上下左右任一方向走，隨機漫步認為，每個方向的機率都是一樣的，即使步數再多，有時也只會在原點附近打轉，而步數少有時反而會到達較遠的地方。但是，從原點到抵達地點的平均直線距離，會漸漸增加（如下圖）。假設步數為 N，則從原點到抵達地點的距離平均值，約為 N 的平方根。

擴散的機制

水中的水分子、空氣中的氮分子跟氧分子活躍地四處移動（分子 A）。這時假設一些別的分子（分子 B）進來這環境裡面。於是，分子 B 會遭遇來自四面八方以各種不同速度一個個迎面而來的分子 A，改變成 Z 字形的行進方向（隨機漫步）。若有愈多的分子 B，隨著時間愈久，其移動距離的平均值會愈大[※]。空氣中的香味和煙霧，以及咖啡中的牛奶都是這樣遠離原本的地方擴散出去的。

※：跟經過時間的平方根成正比。

原子尺度的擴散機制

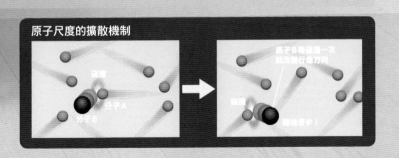

熱是如何傳遞的呢？

假設手上現正握著一罐熱咖啡，溫度較高的咖啡罐表面的原子（或是離子）很活躍地在振動。另一方面，溫度較低的手掌表面分子則緩和地振動，當咖啡罐與手接觸時，活躍振動的原子與分子之間會互相碰撞，導致手掌表面的分子振動變得活躍，而咖啡罐表面的原子便會趨向緩和。

當兩者的活躍程度相同，即溫度變成相等的話，就不會再變化。於是手掌表面溫度會變高，咖啡罐表面的溫度則會變低。即使是日常中不起眼的現象，在原子尺度來看，也發生了像這樣的動態變化。

上述的變化稱為「熱傳導」（thermal conduction），為一種擴散現象，並非有移動的「熱粒子」。溫度（運動的活躍度）高低分布是透過原子與分子隨機碰撞而趨於平均[※]。

※：有時高溫的液體跟氣體（較輕的）會向上移動，低溫的液體跟氣體（較重的）會向下形成「對流」來傳熱。有時原子也會透過吸收紅外線等電磁波，使物體的溫度上升。

手握熱咖啡罐時，原子尺度下發生什麼事？

自由電子在金屬中整排的金屬原子（陽離子：指帶正電的原子）之間四處移動，金屬中傳導熱的的主角是自由電子，當手握熱咖啡罐時，熱會從咖啡罐（金屬）傳導至手上。高溫金屬的陽離子振動及自由電子的運動非常活躍，當其與手掌接觸時，手掌表面分子的運動也會活躍起來。於是手掌表面的溫度便會上升，使我們感覺到熱。

不同物質的沸點與熔點（1大氣壓）

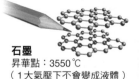

石墨
昇華點：3550℃
（1大氣壓下不會變成液體）

氫
沸點：−252.879℃
熔點：−259.16℃

鐵
沸點：2862℃
熔點：1538℃

＊沸點、熔點的值引用自日本「理科年表2020」

用鍋子煮沸熱水時，
原子尺度下發生了什麼事？

火焰是高溫燃燒的瓦斯（氣體），分子以高速運動著。瓦斯的分子碰撞鍋子（金屬）的底下，使金屬中陽離子的振動跟自由電子的運動變得活躍。自由電子會去碰撞其他的自由電子或陽離子，或是自行向上移動，將熱傳上去（陽離子的振動也有使隔壁的陽離子振動的效果）。最後，鍋底上方與水接觸的陽離子，振動會變得活躍，連帶振動水分子。於是水的溫度就上升了。

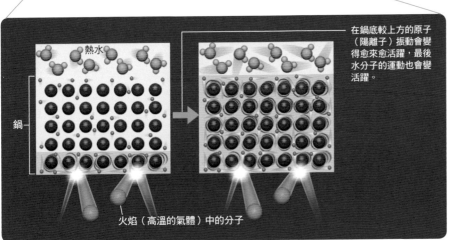

在鍋底較上方的原子（陽離子）振動會變得愈來愈活躍，最後水分子的運動也會變活躍。

熱水

鍋

火焰（高溫的氣體）中的分子

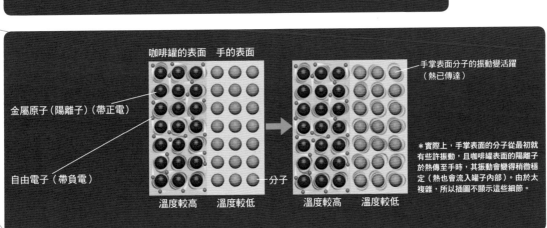

咖啡罐的表面　手的表面

手掌表面分子的振動變活躍（熱已傳達）

金屬原子（陽離子）（帶正電）

自由電子（帶負電）

分子

溫度較高　溫度較低　　　溫度較高　溫度較低

＊實際上，手掌表面的分子從最初就有些許振動，且咖啡罐表面的陽離子於熱傳到手時，其振動會變得稍微穩定（熱也會流入罐子內部）。由於太複雜，所以插圖不顯示這些細節。

溫度是原子和分子的動能

多數人應該會認為熱是指「溫度高」，而冷是指「溫度低」的吧！但是這個觀念未必正確。例如，裝有50℃熱水的浴缸會太燙而無法泡澡，但如果是空氣跟水蒸氣的溫度為50℃的三溫暖，身體就不會覺得那麼燙。

熱水是水分子高密度聚集的狀態，故有為數眾多的水分子會來碰撞身體。而另一方面，氣態的空氣跟水蒸氣，其分子密度只有熱水的1000分之1以下，所以碰撞到身體的分子會比較少。因此即使在相同溫度下，空氣跟水蒸氣與身體表面的分子振動不像熱水般活躍，所以不會覺得燙。也就是說，熱是指「熱流入較多」（身體表面的原子與分子的振動變活躍），而冷是「熱流出較多」（身體表面的原子與分子的振動變和緩）。

何謂「冷」

熱的流出較大（原子與分子的振動變和緩），即「動能較小」。

何謂「熱」

熱的流入較大（原子與分子的振動變活躍），即「動能較大」。

物體從氣體、 液體到固體的變化

原子跟分子運動的活躍度（動能的大小），稱之為溫度。溫度愈高的分子運動就愈活躍，溫度愈低的分子運動便愈緩和。可是在相同溫度下，並非所有分子都以相同的速度在運動（A）。

物質一般分為三種狀態，由溫度高而低分別為氣態、液態、固態。「氣態」是分子以猛烈的速度飛行的狀態。分子本身會旋轉、振動、伸長或縮短，而且氣態分子反覆碰撞的頻率也跟分子的密度有關。

當分子的運動趨於緩和時（溫度下降），分子與分子之間將因引力而聚集，這個狀態稱為「液態」。分子的運動再變得更緩和時，引力變強，分子就無法再自由移動，此時只能原地振動，即為「固態」。

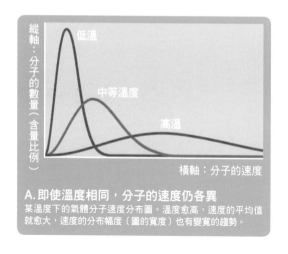

A.即使溫度相同，分子的速度仍各異
某溫度下的氣體分子速度分布圖。溫度愈高，速度的平均值就愈大，速度的分布幅度（圖的寬度）也有變寬的趨勢。

昇華

凝華

固態

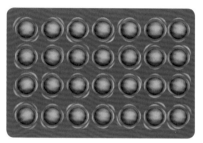

當原子與分子的運動變得更緩和時，原子與分子會因引力而結合，便只會在原地振動。振動會因溫度升高而變活躍，就連冷凍庫中的冰，在原子尺度下也會看見水分子像發抖般地振動。

氣態

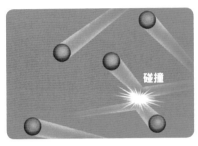

碰撞

當原子與分子的運動非常活躍（溫度很高），原子與分子就會脫離引力自由紛飛。例如熱水已煮沸時，熱水壺冒出的白煙不是水蒸氣，而是很細微的水滴（水蒸氣為無色透明）。

發生沸騰的溫度稱為「沸點」，發生熔化的溫度稱為「熔點」。「昇華」是指物質不經過液體的狀態直接從固態變成氣態（氣態變固態稱為凝華）的現象。生活中可見的昇華例子就是乾冰。

物質狀態在變化時會伴隨熱的進出。例如某物質蒸發所需要的熱量會等於其物質凝結所釋出的熱量。

蒸發

凝結

雖然平常我們不會注意到，但空氣中的氧分子跟氮分子以每秒數百公尺的速度飛行，反覆地互相碰撞著。另外，相互碰撞之間的飛行距離約為 1 萬分之 1 毫米。

凝固

融化

液態

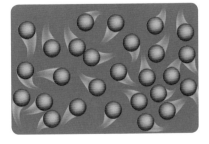

當原子與分子的運動趨於緩和時（溫度變低），原子與分子將靠引力聚集。這個引力是指譬如水透過氫鍵結合的引力（詳見第46頁）。可以說原子與分子之間引力愈弱的物質，即使在低溫下也很難形成液體或固體。

＊此處不限於水，為以圖像呈現一般的氣體、液體、固體，所以不畫水分子，而是繪成「球形」代表原子與分子。

水在100℃以下也會蒸發

水 在氣體與液體之間發生狀態的變化時,究竟發生了什麼事?即使溫度不變,水分子的運動速度仍各有不同(詳見第60頁)。即使水的溫度低於其沸點100℃,水中還是有少數分子會從水面飛出至空氣中。也就是說,100℃以下的水也會發生蒸發現象(vaporization)。

獲得能量的液體分子,切斷來自其周圍液體分子的引力,並飛出液體表面的現象,稱為「蒸發」。要切斷分子間的引力需要消耗能量,分子的速度會減慢,溫度亦跟著下降。消毒用的酒精塗在皮膚上會覺得冰涼,在盛夏的日子灑水於地面會覺得涼快(灑水降溫),都是因為蒸發作用。另一方面,空氣中也含有水分,水分子有時候會從空氣中飛回水面(凝結,condensation)。此時互相結合的水分子,速度跟溫度都會比結合前還高。

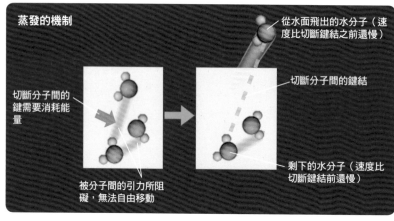

蒸發的機制

切斷分子間的鍵需要消耗能量

被分子間的引力所阻礙,無法自由移動

切斷分子間的鍵結

從水面飛出的水分子(速度比切斷鍵結之前還慢)

剩下的水分子(速度比切斷鍵結前還慢)

覺得消毒用的酒精很冰涼,以及灑水降溫覺得涼快都是因為蒸發。一般來說,1莫耳的液體在蒸發時從周圍吸收的熱量稱為「汽化熱」。

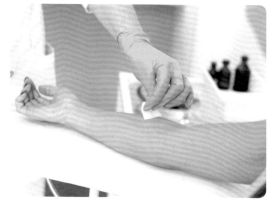

水的沸騰

外界氣壓為 1 大氣壓時，熱水會在100℃沸騰，此時水中會冒出許多泡泡，是因為這不僅是液體表面的蒸發，連內部也在發生猛烈蒸發。

以原子尺度觀察水面發生什麼事

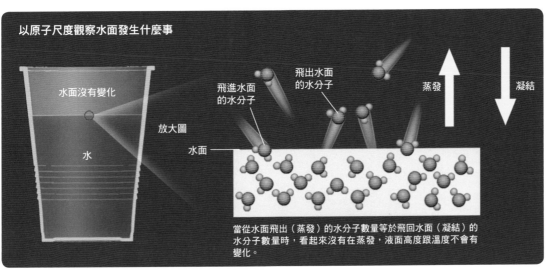

水面沒有變化

放大圖

水

飛進水面的水分子

飛出水面的水分子

蒸發

凝結

水面

當從水面飛出（蒸發）的水分子數量等於飛回水面（凝結）的水分子數量時，看起來沒有在蒸發，液面高度跟溫度不會有變化。

汽液平衡／飽和蒸氣壓

高山上的水會在 100℃以下沸騰

若從液面跑出來的分子數量等於進入液面的分子數量，也就是說在蒸發速度等於凝結速度的狀態，稱為「汽液平衡」（vapor-liquid equilibrium）。例如一杯水在空氣很乾燥，周圍沒有足夠的水蒸氣時，水分子就會擴散，杯子的水面高度會逐漸變低（蒸發）。而將杯子蓋上時，水分子的進出立刻變成等量，杯子水面高度便不會改變（汽液平衡）。

處於汽液平衡時的氣體壓力，稱為「飽和蒸氣壓」（saturated vapor pressure）或蒸氣壓。其值會因物質而有不同，飽和蒸氣壓愈大的物質，愈容易蒸發。

當液體的飽和蒸氣壓與外界氣壓相等時，就會發生沸騰。水在100℃時的飽和蒸氣壓為1大氣壓。因此，外界氣壓（如大氣壓）為1大氣壓時，水會在100℃沸騰。但在高山上不到100℃也會沸騰，是因為相同物質在外界氣壓較低時，沸點也會跟著降低。

溫度上升

飽和蒸氣壓

溫度愈高，
飽和蒸氣壓會愈大

溫度上升時，從液面飛出的分子比例會增加而不斷蒸發。因此，氣體的飽和蒸氣壓會變大。

水在100℃以下也會沸騰

外界氣壓變低時，即使是相同的物質，其沸點也會跟著
低。這就是高山上的水不到100℃就會沸騰的原因。以海
3952公尺（大氣壓約630百帕）的玉山主峰為例，水力
87℃就會沸騰。

**體積
減少**

溫度固定的話，即使氣體體積改
變，其飽和蒸氣壓也不會改變

溫度固定的條件下，使處於汽液平衡的
氣體體積減少時，由於氣體的密度會增
加，便會暫時凝結（飛進液面的分子會
增加），但氣體會再度達到汽液平衡的狀
態，回到原本的飽和蒸氣壓※；增加氣體
體積時，氣體的密度降低，所以會暫時
蒸發（飛出液面的分子會增加），但氣體
會再度達到汽液平衡的狀態，回到原本
的飽和蒸氣壓。

※：跟別種氣體共存時也一樣。

飽和蒸氣壓

飽和蒸氣壓

明明在冰點以下，
水卻不會結冰

液體冷卻變成固體的溫度，稱為「凝固點」（freezing point）。一般的水在大氣壓（標準的地表氣壓）下的凝固點為0℃。因此，一般人會認為零度以下的情況不會存在液態的水，但其實這是可能的。

舉例來說，將自來水裝入寶特瓶後放入冷凍庫，儘量慢慢地均勻降低溫度。雖然經過長時間的冷凍會結成冰塊，不過如果順利的話，儘管在0℃以下，還能保持在液體的狀態。這種液體的狀態稱為「過冷」（supercooling）。

緩緩拿出裝有過冷水的寶特瓶，並從高處倒入其他容器，你接下來應該會看見很神奇的現象：落下的水會在瞬間變成雪酪狀的冰。過冷狀態的液體具有遇到撞擊馬上結冰的特性。

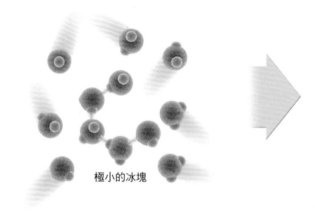

極小的冰塊

過冷狀態的水分子

過冷狀態的水中也有水分子在四處移動，有時在偶然情況下，會「列隊」形成冰。然而，極小的冰塊最後會馬上裂解，幾乎都變回水的狀態。

過冷的產業應用
家用冰箱的「急速冷凍功能」就是利用過冷的原理，將放入冷凍庫的食品製成過冷狀態之後，給予刺激使其一口氣結冰。跟短時間內結冰比起來，過冷結冰的冰晶體更小，比較不會因破壞細胞而影響風味跟口感。

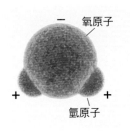

氧原子

水分子
由於氫原子與氧原子分別帶正
電與負電,所以水分子與水分
子之間會受到電力互相吸引。

氫原子

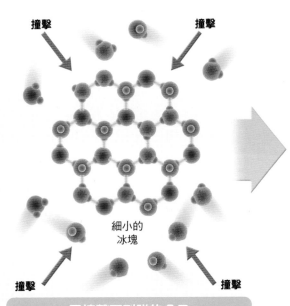

撞擊　　　撞擊

細小的
冰塊

撞擊　　　撞擊

因撞擊而列隊的分子

施予水分子衝擊就會發生「列隊」,形成冰塊。為方
便理解,插圖將冰塊縮小,並與水分子的排列方式繪
於平面上,不過實際上的冰塊會更大,水分子的排列
方式也會是立體的。

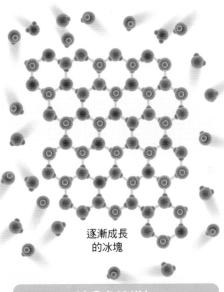

逐漸成長
的冰塊

冰會急速增加

受到撞擊而形成的冰塊會變成核心,讓周圍
的水分子一個個與之連接排列下去。這就是
過冷狀態的水會急速結冰的原因。

過冷狀態的水要結冰
必須有「契機」

一般家用冰箱的冷凍庫大多設定在零下18℃。所以重
點是要仔細調整溫度,用布包裹住寶特瓶,讓冷氣不
易傳導,緩慢均勻地冷凍水。順利的話,就會形成在
零下溫度處於過冷狀態的水。

　將過冷狀態的水輕輕地取出並注入其他容器時,雪
酪狀的冰就會累積起來。由於形成了很多小冰塊,使
光散射,看起來是白色的。

溶有物質的液體較難結冰

高緯度地區的冬天為防止汽車在道路上打滑，有時會噴灑抗凍劑（氯化鈣：$CaCl_2$）；這是利用鹽水不易結冰的原理。例如將鹽溶在水裡達到飽和，那杯鹽水結冰的溫度（凝固點）就會降到零下21℃。這個現象稱為「凝固點下降」（freezing-point depression）。

將砂糖溶於水也會發生一樣的情形。但是，在水中溶解相同分子數的鹽與砂糖並降低水溫時，鹽水要到零下2℃才會結冰，而糖水到零下1℃就會結冰。這到底是為什麼呢？砂糖跟鹽不一樣，砂糖分子會直接溶於水中，溶解1個砂糖分子就是溶解1個粒子，而相對地，溶解1個鹽分子時，溶解的粒子會變成2個※。換句話說，鹽所溶解的粒子數較多。由於水中溶解的粒子數愈多，愈會阻礙水結冰，所以不把溫度降更低的話就不會結冰。

※：因為鹽是電解質，鈉離子跟氯離子都會解離，而砂糖非電解質，所以不會解離。

專欄 COLUMN 　沸點也會跟凝固點一樣變化嗎？

就像溶有鹽或砂糖的水溶液，一般溶有物質的溶液，凝固點會比溶有物質前還低。那麼，其沸點也會改變嗎？

溶有鹽或砂糖的水溶液，由於水中的粒子會妨礙其蒸發，該飽和蒸氣壓會比溶有物質前還要來得低，這個現象稱為「蒸氣壓下降」。如鹽跟砂糖其物質本身就是難以蒸發的物質（不揮發性物質），在低濃度溶解上述物質，就會發生這種現象。

沸點是液體的飽和蒸氣壓與外界氣壓相等時的溫度。溶有物質的溶液，由於發生蒸氣壓下降的關係，即使到達該溫度，也達不到外界氣壓。故要做到飽和蒸氣壓，等於外界氣壓需要更高的溫度，以達到沸點。這個現象稱為「沸點上升」。

溶解的粒子愈多，溶液的凝固點會愈下降

使用相同分子數的鹽與砂糖溶於純水（只由水分子組成的水）。重量方面，
氯化鈉58.5克與葡萄糖180克即為相同分子數（6×10²³個）。於是，會發
現鹽水那杯的凝固點較低。

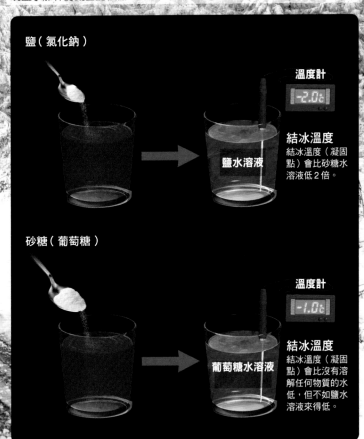

鹽（氯化鈉）

溫度計

-2.0℃

結冰溫度
結冰溫度（凝固
點）會比砂糖水
溶液低2倍。

鹽水溶液

砂糖（葡萄糖）

溫度計

-1.0℃

結冰溫度
結冰溫度（凝固
點）會比沒有溶
解任何物質的水
低，但不如鹽水
溶液來得低。

葡萄糖水溶液

COLUMN

雪是天堂捎來的信件

雪晶體是由大小約為0.01毫米的冰晶[※]，附著上四處紛飛的水分子（水蒸氣）而形成。也就是說，雪的晶體是氣體的水蒸氣直接變成固體而逐漸形成的。雪晶體的形狀非常多種，究竟為什麼會有如此天差地遠的形狀產生呢？

第一個關鍵因素是「氣溫」。依形成冰晶時的氣溫不同，會決定雪的晶體是縱向伸長或橫向擴張。第二個因素是「水蒸氣量」（雲中水滴的含量）。水蒸氣量愈多，會形成愈複雜的晶體。例如樹枝狀晶體要在氣溫零下15℃，1立方公尺空氣的水蒸氣量超過溼度100%的含量（在此氣溫下約1.6克）0.2克的雲中才會形成。

另一方面，雲中水滴的密度很高時，冰晶有時會一個個跟周圍過冷狀態的水滴碰撞並結冰。這種狀態之下的水分子不規則性地黏在冰晶上，所以結不出漂亮的晶體。再加上冰晶落下的同時，會吸收更多的水滴而變成霰。

中谷圖的發明

雪晶體的形狀會反映出上空大氣的溫度及水蒸氣量。也就是說，只要觀察雪的晶體，就能知道數千公尺上空大氣的狀況。這個現象，是由日本北海道大學低溫研究所的中谷宇吉郎博士（1900～1962）所發現。中谷博士於1936年成功生成全世界第一場人造雪，並將其觀察結果繪成一個以水蒸氣量為縱軸，溫度為橫軸的圖，他發現類似的晶體形狀會集中在固定的範圍內。對於這項研究成果，中谷博士留下了一句名言：「雪是天堂捎來的信件。」

1951年，中谷博士發表了「中谷圖」，該圖發表至今已超過50年，仍然揚名國際。

※：冰晶是指雲的水滴（雲粒）結冰所形成的「雪粒子」，為形成雪的核心。

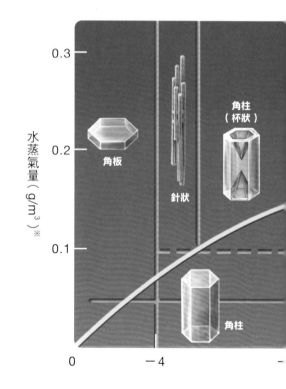

※：超過溼度100%的水蒸氣量（過飽和水蒸氣）

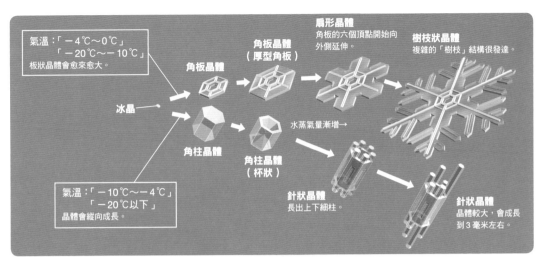

雪晶體的成長示意圖。雪晶體分為板狀擴張，或是縱向延伸 2 種。氣溫一開始就會決定好它們的「命運」。而水蒸氣量愈多，晶體的結構就愈趨向複雜。

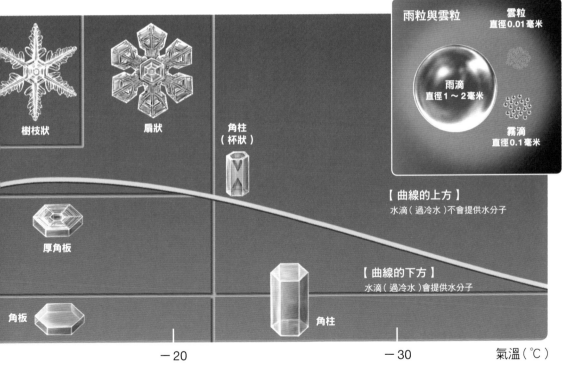

雪晶體的圖形

由任職日本北海道大學低溫研究所的教授小林禎作（1925～1987）編纂的「發展型中谷圖」。水蒸氣量經重新討論後使晶體形狀的界線變得更明確。

由於雲粒很小且不穩定，所以在氣溫 0℃以下的數千公尺高空中也不會結冰（過冷狀態）。雲粒在氣溫零下40℃以下的地方全都會變成冰晶，不過在氣溫較高一點的雲中，冰晶與過冷狀態的水滴會並存。在那裡如同藉由水蒸氣形成水滴的過程一般，冰晶借助冰核的幫忙而形成。冰晶上會逐漸連接水蒸氣的水分子，就會形成雪的晶體。

臨界溫度的發現
開啟氫跟氦的液化之路

到 了18世紀，科學家開始研究物質的狀態變化。當時曾將常溫常壓下液體加熱後的汽化產物稱為蒸氣，而將常溫常壓下以氣態存在的氮歸類為氣體。

　　1823年，英國化學暨物理學家法拉第（Michael Faraday，1791～1867）發現，施加較大的壓力壓縮氯的話，氯就會變成液體。自此，科學家明白過去經常認為以氣態存在的氣體，會因為壓力改變而變成液體。接著在1861年，英國科學家安德魯（Thomas Andrews，1813～1885）研究發現，氣體高於某個溫度時，不管施加多少壓力，氣體都不會變成液體。反過來說，就是氣體若低於某個溫度的話，就可透過施加壓力液化成氣體[※]，這個溫度稱為「臨界溫度」（critical temperature），意即物質各有其固定的臨界溫度。

※：因此安德魯為法拉第的壓力實驗中無法液化的氫跟氦，開啟了液化之路。

A. 三個狀態共存的「三相點」
三相點（triple point）是溫度的基準。水在0.01℃，約0.006大氣壓下，會處在氣體（水蒸氣）、液體（水）、固體（冰）共存的「三相點」。純物質的三相點溫度跟壓力都是固定的。
　　因此訂定國際單位的國際單位制（SI）在2019年以前，溫度的單位是絕對溫度（單位符號為K），水的三相點溫度為273.16K，相對於絕對零度。自2019年5月起，改用波茲曼常數的新定義準則，此值會連結溫度與動能的關聯性。

水的相圖

在某溫度與壓力下，顯示物質呈現什麼狀態的圖稱為「相圖」（phase diagram）。右頁即為水的相圖，以不同顏色分為冰、水、水蒸氣等三大區塊，請注意縱軸刻度為對數。在日常不會接觸到的溫度與壓力下，這張圖呈現出很多我們不熟悉的狀態，包括數百℃的冰，及同時具有液體跟氣體兩者性質的超臨界流體（supercritical fluid）等。

超臨界流體（超臨界水）的產業應用
所有的物質都具有臨界點，其中最常被產業應用的是水與二氧化碳。水在374℃、220.8大氣壓會達到臨界點，超臨界水的氧化力很強，能應用於分解焚化爐底渣中帶有毒性的多氯聯苯（PCB）及戴奧辛。而二氧化碳的臨界點為31℃、73.7大氣壓，比水接近常溫常壓。生活中的例子例如從咖啡豆抽除咖啡因，或從食品抽出萃取物等等。

LNG（液化天然氣）載運船

Ⓑ. 數百℃的「熱冰」

水冰會根據壓力與溫度而改變水分子的排列方式，變化成16種（穩定的結構有13種）不同的狀態，圖中只顯示其中一部分。高溫高壓的冰不存在於自然的地球環境，但預測會存在於巨大的冰行星上。水分子的排列方式一旦改變，即使同樣是冰，其密度跟體積等物體的特性也會跟著改變。另外，改變冰狀態的邊界條件跟其各狀態的特性等，尚有諸多不明。

Ⓒ. 非液體也非氣體的「超臨界流體」

在臨界點（壓力2.21×10⁷Pa，溫度374℃）以上的領域，水會變成無法區分是液體還是氣體的狀態。超過臨界點狀態的物質稱為「超臨界流體」（水的話就稱為超臨界水），此時的溫度稱為「臨界溫度」，壓力稱為「臨界壓力」。

超臨界流體的密度比液體小，分子也像氣體般活躍地運動著。因此，很容易溶解物質形成溶液，並兼具像氣體般容易擴散的特性。以上這些特性會因為溫度跟壓力改變而產生很大的變化。

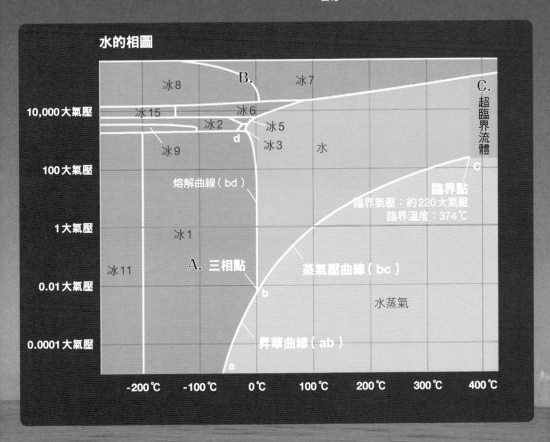

水的相圖

冰8　　Ⓑ.　　冰7　　　　　Ⓒ.
超臨界流體

10,000大氣壓　　冰15　　　冰6
冰2　　冰5
d　　冰3　　水
冰9

100大氣壓

熔解曲線（bd）

臨界點
臨界氣壓：約220大氣壓
臨界溫度：374℃

1大氣壓　　冰1

冰11　　Ⓐ. 三相點

蒸氣壓曲線（bc）

0.01大氣壓

b

水蒸氣

0.0001大氣壓

昇華曲線（ab）

a

-200℃　-100℃　0℃　100℃　200℃　300℃　400℃

從香料萃取出辛香成分

製造無咖啡因咖啡

分解多氯聯苯跟戴奧辛

眼睛看不見
但確實存在的氣體

即使手碰到氣體也沒有感覺，或許很難感受到它真的存在。但是，將空氣灌入氣球壓一下的話，就能確實感到反彈力，這就是氣體的「壓力」。

我們經常受到空氣的壓力，也就是從四面八方來的大氣壓。每1平方公分相當於1公斤左右，是非常大的力。將吸盤貼緊在牆壁上時，吸盤與牆壁之間的空氣會被擠壓出去。於是，大氣壓只會朝牆壁的方向施壓，吸盤就會很緊密地黏在牆壁上。

從原子的尺度來考慮氣體的壓力時，可說是原子與分子碰撞的結果。黏於牆壁上的吸盤不斷地跟空氣中的分子碰撞，便會往牆壁的方向壓緊。一個個的分子其力量雖小，但空氣中1立方公分就有多達3×10^{19}個（3000億億倍）分子，會形成很大的力量。

壓力的來源是氣體分子
施予牆壁的力

氣體分子碰撞牆壁而反彈回來時，會對牆壁施壓。這個力就是壓力的來源，取決於碰撞的氣體分子數與其動能。氣體的溫度上升後，氣體分子的平均動能亦會變大。

溫度是氣體分子運動
活躍度的指標

氣體的溫度可謂氣體分子運動活躍度（動能大小）的平均值。也就是說，氣體的溫度上升時，氣體分子的平均動能也會增加。

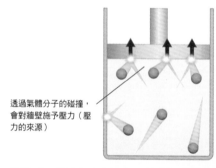

透過氣體分子的碰撞，
會對牆壁施予壓力（壓力的來源）

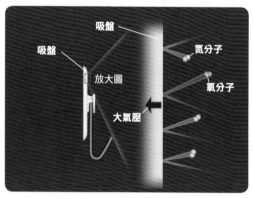

吸盤

吸盤

放大圖

氮分子

氧分子

大氣壓

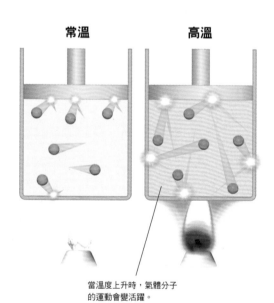

常溫　　　　高溫

當溫度上升時，氣體分子
的運動會變活躍。

壓力

氣球膨脹是由於空氣壓力

橡膠製成的氣球會有收縮的傾向,而且大氣壓亦會在氣球外側向內側施壓。意即氣球內部的空氣為「橡膠施予的力+大氣壓施予的力」的合力,氣球受到來自內外側的力。

氣體的壓力是由氣體的原子與分子碰撞到東西而產生。氣球內部的分子密度比大氣高,透過這些緻密的分子不斷碰撞來維持氣球的大小。

為何灌入空氣時輪胎會發熱呢？

腳踏車的輪胎灌入空氣時，有時輪胎會發熱。這是因為在熱沒有進出的情況下，氣體受到壓縮，溫度便會上升（絕熱壓縮，adiabatic compression）。

例如將活塞往下壓時，容器中的空氣會被壓縮於下方，而活塞向下移動時，空氣分子就會碰撞到活塞而加速。分子的速度增加意謂著空氣的溫度會上升。相反地，活塞上升讓空氣膨脹時，分子跟活塞撞擊的距離拉長且速度減緩（意即溫度會下降）。這個現象稱為「絕熱膨脹」（adiabatic expansion）是絕熱壓縮的逆反應。

高空會產生雲也是絕熱膨脹的關係。含有水分的空氣團上升時，因周圍的氣壓下降，所以空氣團推擠周圍的空氣而膨脹。結果空氣團的溫度下降，其中所含水蒸氣遂變成細小的水滴，形成常見的雲朵。

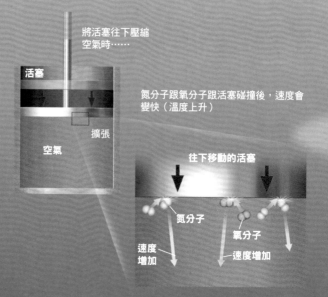

將活塞往下壓縮空氣時……

活塞

擴張

空氣

氮分子跟氧分子跟活塞碰撞後，速度會變快（溫度上升）

往下移動的活塞

氮分子

氧分子

速度增加

速度增加

絕熱壓縮

貨車跟公車的柴油引擎都是利用絕熱壓縮的原理。壓縮汽缸內的空氣，升高燃料溫度來點火。

5. 氣溫更下降時，水滴
   就會變成冰晶。

冰的粒子

4. 水蒸氣變成水滴
   並形成雲

水滴

3. 隨著空氣團膨脹，
   氣溫下降

為什麼空氣膨脹，氣溫就會下降呢？
並不是「高空的氣溫較低所以冷卻成雲」。而是膨脹時推擠
外部空氣而消耗能量，導致溫度下降。

2. 隨著氣壓降低而膨脹

分子

氣溫下降

膨脹

隨著空氣團膨脹，
分子的動能減少
（分子速度變慢）

上升

空氣團（氣塊）

1. 含有水蒸氣的空氣開
   始上升

膨脹

溫度不變而氣體的壓力 降低的話，體積會增加

將 袋裝零食帶去高山上時，袋子會鼓得快破掉。此時袋中發生了什麼事呢？

袋中的氣體分子自由地紛飛。當分子碰撞袋子內側時，會施予袋子向外膨脹的力量（壓力）。另一方面，袋子外側的氣體會施予袋子向內皺縮的力量（大氣壓）。袋中氣體的體積會由內側的壓力與大氣壓的平衡情況來決定，由於山上的大氣壓比山腳下來得低，從袋子外側擠壓的力量較弱，因此袋裝零食

帶到山上後，體積會增加。

如上述，在定量氣體條件下，英國科學家波以耳（Robert Boyle，1627～1691）統整了體積與壓力的關係。波以耳發現：溫度保持不變時袋中氣體的體積與壓力成反比。也就是說當體積增加2倍時壓力會減半，反之，體積減半時壓力會增加 2 倍，這個現象稱之為「波以耳定律」（Boyle's law）。

波以耳定律

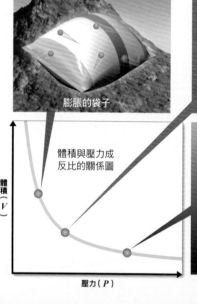

山上（外面壓力較低）

膨脹的袋子

體積與壓力成反比的關係圖

體積（V）

壓力（P）

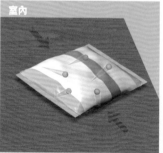

室內

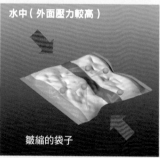

水中（外面壓力較高）

皺縮的袋子

$$PV = 定值$$
壓力　體積

波以耳定律是指定溫下當壓力減少時，體積會增加。帶著密封袋子到了氣壓較低的山上時，袋中的壓力也會為了跟大氣壓平衡而降低，體積就會膨脹，所以袋子會鼓起來。這就是波以耳定律在生活上的實例。

壓力不變而氣體溫度降低的話，體積會減少

氣體的運動除了跟壓力與體積有關，也跟溫度有很大的關係。當溫度上升時，分子的動能變大，速度會變快。法國物理學家查理（Jacques Charles，1746～1823）研究定量氣體的溫度與體積的相關性後發現，定壓下氣體的溫度降低，其體積就會減少。而且他進一步研究發現，溫度每減少1℃，體積就會減少「0℃時體積的273分之1左右」。

那麼，若將氣體持續冷卻會發生什麼事呢？如果這一項定律在低溫也能夠成立的話，那麼零下273℃（嚴格來說是零下273.15℃）的體積會是零[1]，這個溫度就稱之為「絕對零度」（absolute zero）。

從上述的理論可以推導出在定壓時，袋子裡的氣體體積會跟「絕對溫度」（absolute temperature）[2]成正比，這就是所謂的查理定律（Charles' law）。

※1：理想氣體（ideal gas）為忽略分子體積跟分子間作用力的假想氣體，在這前提下才能認為假想的體積為零，因為實際物質的體積不會是零。

※2：以絕對零度為原點的溫度，正式名稱為「熱力學溫度」（thermodynamic temperature），以「攝氏溫度（℃）+273.15」來表示，單位符號為K（克耳文）。

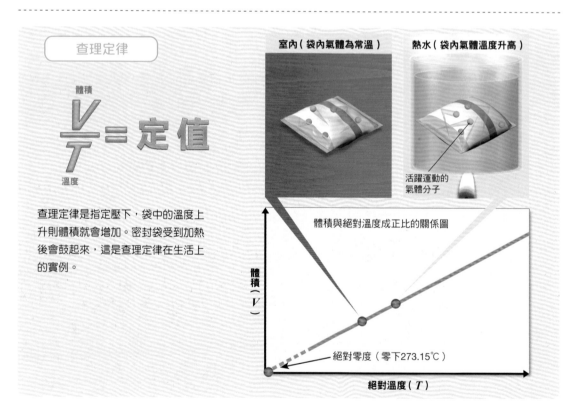

查理定律

$$\frac{V}{T} = 定值$$

體積
溫度

查理定律是指定壓下，袋中的溫度上升則體積就會增加。密封袋受到加熱後會鼓起來，這是查理定律在生活上的實例。

室內（袋內氣體為常溫）　熱水（袋內氣體溫度升高）

活躍運動的氣體分子

體積與絕對溫度成正比的關係圖

體積（V）

絕對零度（零下273.15℃）

絕對溫度（T）

波以耳—查理定律

推導自波以耳定律與查理定律所述,「氣體的體積跟壓力成反比,但跟絕對溫度成正比」,稱為「波以耳-查理定律」。

　　嚴格來說,這些定律只成立在理想氣體(詳見左頁註釋)上,實際氣體在低溫或高壓不成正比(或不成反比),會大幅偏離下圖之曲面。這是因為在低溫時,動能會變小,不可忽略分子間作用力。而且,也因為高壓時氣體分子之間的距離變近,不可忽略分子大小的關係。

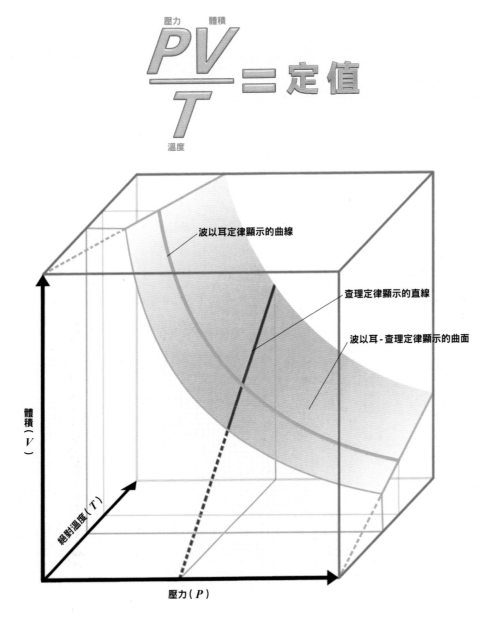

碳、氧和水都是「1 莫耳」

　　一個一個清點原子或分子的數目非常困難，會使用名為莫耳（mole）的單位，1 莫耳等於 6×10^{23} 個原子或分子的集合。6×10^{23} 稱為「亞佛加厥數」（Avogardro's number），這個集合的質量（單位為公克）會等於原子量或分子量。例如 6×10^{23} 個碳，也就是 1 莫耳碳的質量，因為碳的原子量是 12，所以是「12公克」。氧原子跟水分子的個數是亞佛加厥數的話，分別是16公克跟18公克。

　　莫耳還有一個很方便的地方。根據義大利科學家亞佛加厥（Amedeo Avogadro，1776～1856）所發明的亞佛加厥定律（Avogadro's law），在定溫定壓下，不管哪種氣體，同體積的氣體都會含有相同數量的分子。這個現象指出，任何 1 莫耳氣體的體積在同溫與同壓下皆相同。

亞佛加厥
（1776～1856）
根據亞佛加厥發明的亞佛加厥定律：「不論氣體種類，只要同溫同壓下，同體積的氣體分子數會恆定。」亞佛加厥數便是以他的名字命名。

（6×10^{23} 個）

---

1 莫耳的氣體

標準狀態下（0℃、1 大氣壓），任何 1 莫耳氣體的體積皆為 22.4 公升。若以立方體表示，則邊長為 28.2 公分。可知用莫耳描述氣體時，也能用體積測量分子的個數。

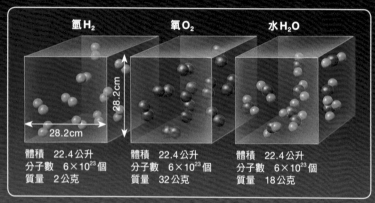

氫 H_2	氧 O_2	水 H_2O
28.2cm / 28.2cm		
體積　22.4公升	體積　22.4公升	體積　22.4公升
分子數　6×10^{23} 個	分子數　6×10^{23} 個	分子數　6×10^{23} 個
質量　2公克	質量　32公克	質量　18公克

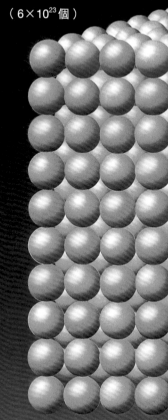

1 莫耳的碳　12 g

原子量

C
12

分子量

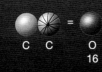

C　C　＝　O
　　　　　16

　　　　　　　　H
C　C　＝　　O
　　　H
　　　18

原子量是以碳原子的質量為12時，所賦予各原子的相對量值。不管碳的數目是以10個或100個疊加，當碳的質量是12公克時，其個數就是$6×10^{23}$個（亞佛加厥數）。

1莫耳的氧　16 g

1莫耳的水分子　18 g

離子到底是
什麼樣的東西？

在我們的生活中常會聽見「離子」這個用詞，例如鋰離子電池（lithium-ion battery）跟銀離子等。連日本宇宙航空研究開發機構的工程實驗探測器「隼鳥號」上安裝的也是離子引擎，所謂離子到底是什麼樣的東西呢？

離子是指原子透過失去或獲得電子來攜帶正電荷或負電荷的粒子，由英國科學家法拉第（1971～1867）於1834年所命名。

整件事的來龍去脈，就要從1800年說起，當時的義大利科學家伏特（Alessandro Volta，1745～1827）發明了世界第一個電池（伏打電堆）。接著在同一年，又發現在電池兩端接上電線並浸在水中時，兩端的電線會分別產生氧跟氫。科學家知道水會因為通電而分解成氧跟氫後，就開始嘗試通電多種不同的液體，法拉第的老師戴維（Humphry Davy，1778～1829）亦投身研究，他認為只要流過的電流夠強，所有物質都能被分解，並進行了多達250個物品的電池相關實驗。

發現離子

利用伏打電池進行實驗，可知物質會因通電而分解。但當時沒有電子的觀念，電是一種未知的現象。法拉第透過嚴謹的實驗，陸續瞭解電的特性，便有了自己的一套學說，他認為：「通電時，物質會受到電的影響而分解，被分解的物質會跑向電極。」

法拉第將游近電極的物質命名為離子（ion），取自希臘語中「前進」的意思。他接著定義朝負極前進的物質為「陽離子」（cation），朝正極前進的物質為「陰離子」（anion）。但此時的法拉第仍不知道離子的實體是什麼。

揭曉離子的真面目

在那之後，由瑞典的阿瑞尼斯（Svante Arrhenius，1859～1927）證明離子的實體是帶電（電荷）的原子，或者是帶電的原子團。起初阿瑞尼斯的假說並不為眾人接受，因為一般認為原子是不可分割的最小單位，當時不能理解這樣的原子要如何帶電。過了不久，當有人闡明原子的結構時，才證實阿瑞尼斯的學說是正確的。阿瑞尼斯由於這項成就，成為1903年的諾貝爾化學獎得主。

電池之間以金屬連接

伏打電池

伏打電池（伏打電堆）是使用銅板、浸溼食鹽水的布再跟鋅板重疊製成。插圖為兩個電池連接的示意圖。當時，科學家曾連接好幾個伏打電池創造較高的電壓，進行分解實驗。戴維透過伏打電池的實驗，發現了鉀、鈉、鈣、鍶、鋇、鎂。一生中曾發現多達 6 種元素的也只有戴維一人而已。

正極　　　　負極

使金屬跟電池接觸，於電池末端接上電線，並浸溼於液體中。這些裝置定義為電極。此處只顯示電線的示意圖。

產生於正極　　　產生於負極
的氣體　　　　　的氣體

分解中的液體

法拉第
（1791～1867）
戴維的學生。1860年他將一系列聖誕講座的演講內容彙整成《蠟燭的化學史》。

通電後物質會分解成「離子」

當時認為原子是無法再被分解的最小單位，既不清楚原子的構造，也不曉得電子的存在。法拉第認為通電後，物質會分成兩部份（離子）並朝電極流動。但實際上，是因離子的移動而產生電流，當時仍不清楚電實際的原理。

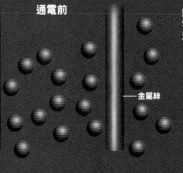

通電前

金屬絲

將法拉第提出的內容圖像化。為電解液體的範例。

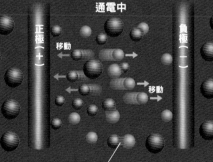

通電中

正極（＋）　　移動

負極（－）

移動

物質會分解成兩個

質子數較多的陽離子
電子數較多的陰離子

所有原子的質子數會等於電子數。但是離子的情況就不一樣了：某原子明明必須有11個電子，其離子卻只有10個電子，或是某原子明明必須有 7 個電子，其離子卻帶有 8 個電子。由此可見離子的質子數不會等於電子數。

質子帶正電（正電荷），電子帶負電（負電荷），因此當帶正電的質子數比帶負電的電子數還多時，離子整體而言就會帶正電，

稱為「陽離子」。反之，當電子數比質子數還多時，離子整體就會帶負電，稱為「陰離子」。

舉例來說，氧原子有 8 個質子及 8 個電子。但氧離子卻有 8 個質子跟10個電子，因為電子多了 2 個，所以氧離子整體而言會帶負電。這種多帶 2 個電子的情況，稱為「2 價陰離子」。

質子與電子數目相異的離子

舉一些原子跟離子當例子。上方是結構的示意圖，下方清楚寫出質子數與電子數。陽離子以黃色標示，陰離子以粉紅色標示，不論哪個離子，其質子數都會跟電子數相異，看圖就明白了吧。

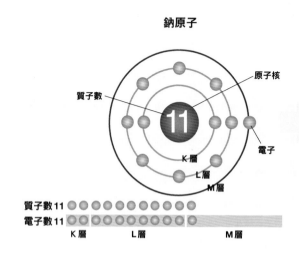

鈉原子

原子核
質子數
電子
K 層
L 層
M 層

質子數 11
電子數 11
K層　L層　M層

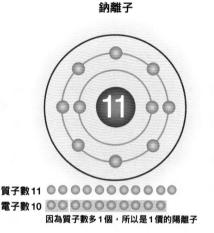

鈉離子

質子數 11
電子數 10
因為質子數多1個，所以是1價的陽離子

陽
離
子
／
陰
離
子

氯原子

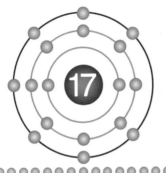

質子數 17 ●●●●●●●●●●●●●●●●●
電子數 17 ●●●●●●●●●●●●●●●●●

氯離子

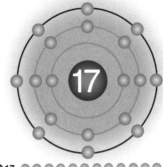

質子數 17 ●●●●●●●●●●●●●●●●●
電子數 18 ●●●●●●●●●●●●●●●●●●
因為電子數多1個，所以是1價的陰離子

鎂原子

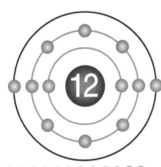

質子數 12 ●●●●●●●●●●●●
電子數 12 ●●●●●●●●●●●●

鎂離子

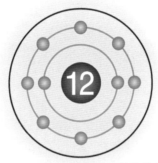

質子數 12 ●●●●●●●●●●●●
電子數 10 ●●●●●●●●●●
因為質子數多2個，所以是2價的陽離子

氧原子

質子數 8 ●●●●●●●●
電子數 8 ●●●●●●●●

氧離子

質子數 8 ●●●●●●●●
電子數 10 ●●●●●●●●●●
因為電子數多2個，所以是2價的陰離子

陽離子與陰離子互相吸引而結合

例 如，鹽（氯化鈉）是由氯離子跟鈉離子結合而成的。鈉原子最外側的電子殼層（最外殼層）有1個電子，而氯原子有一個電子的空位，這些原子相互靠

近時，為了使其穩定，鈉原子會傳遞1個電子給氯原子。由於鈉原子失去1個電子（負電），整體而言會變成帶正電的陽離子。相對地，氯原子得到1個電子（負

鈉原子（Na）

質子數

電子

原子核

最外殼層只有
1個電子

提供
電子

11

氯原子（Cl）

最外殼層只有
1個空位

17

鈉原子的最外殼層有1
個電子。而氯原子的最
外殼層有一個空位，因
此鈉原子會提供電子給
氯原子。

移交電子之後⋯⋯

鈉離子

+

離子鍵

11

正負電互相
吸引

氯離子

−

17

會形成帶正電的「鈉
離子」與帶負電的
「氯離子」，並互相
吸引而結合。這就
是鹽（氯化鈉）。

氯化鈉（NaCl）

電），整體而言便成帶負電的陰離子。陽離子與陰離子會受到各自帶的正電與負電的電力吸引並結合，這種結合稱為「離子鍵」。

像這樣，有許多物質的原子會將電子傳遞給另一個原子，使彼此都成為離子並鍵結。跟氯化鈉同理，鈉會提供電子給其他原子而形成氟化鈉或氧化鈉。

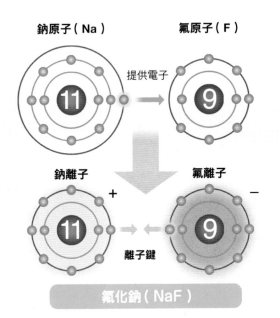

氟化鈉（NaF）

鈉離子與氟離子結合成的「氟化鈉」可用來預防齲齒，而鈉離子與氧離子結合成的「氧化鈉」可做為玻璃的材料。

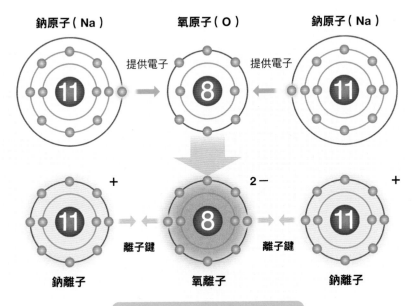

二個鈉原子分別提供1個電子給氧原子。於是便形成二個「鈉離子」跟一個「氧離子」，這些離子透過互相吸引而結合來形成氧化鈉。

氧化鈉（Na₂O）

游離能／電子親和力

是否容易形成離子的兩項代表性指標

是否容易形成離子有二項代表性指標。第一個是因傳遞 1 個電子變成陽離子時所需的能量，稱為「游離能」（ionization energy）。另一個是接收 1 個電子變成陰離子時所釋出的能量，稱為「電子親和力」（electron affinity）。

觀察下圖的立體週期表便可知，例如氯（Cl）的電子親和力很大（容易接受電

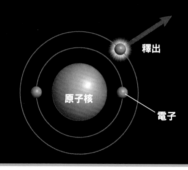

釋出

原子核

電子

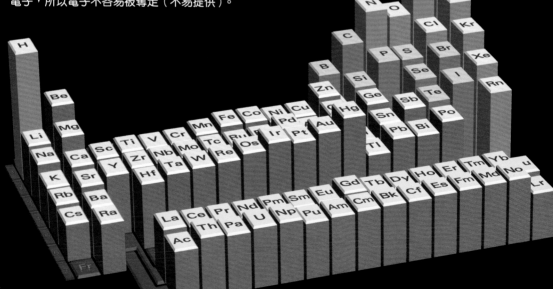

游離能

游離能愈小（容易提供電子），愈容易形成陽離子。而隨著原子序增加，原子核的正電荷會變大，能吸引住最外殼層電子，所以電子不容易被奪走（不易提供）。

子），容易形成陰離子。而相對地，鈉
（Na）的游離能很小（容易提供電子），就
容易形成陽離子。

　　從上述特性可知兩者會如何鍵結。氯會從
鈉得到 1 個電子變成氯離子（Cl⁻），鈉會
失去 1 個電子變成鈉離子（Na⁺），於是形
成離子鍵，結合成氯化鈉。

容易形成陰離子的氯會跟容易形成陽離子的鈉鍵結（離子鍵），
形成氯化鈉。

游離能／電子親和力

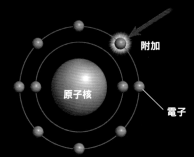

附加

原子核

電子

電子親和力

電子親和力愈大（容易接受電子），愈容易形
成陰離子。

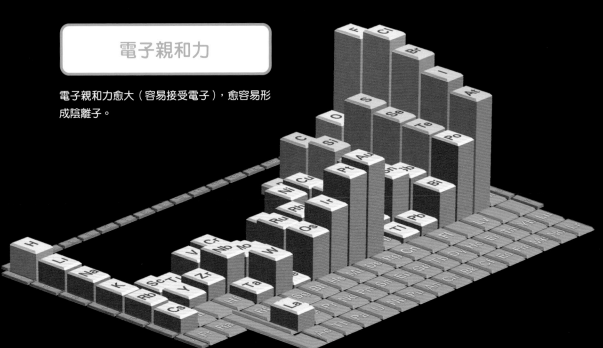

＊資料參考自《化學便覽改訂5版》（日本化學會出版）

物質溶解時發生了什麼事？

當鹽（氯化鈉）放入水中時，起初會看見小顆粒慢慢溶掉，直到最後全部消失不見。這段時間，水中究竟發生了什麼事呢？

物質會溶於水之類的液體，並且能夠均勻地跟液體分子混合，稱之為「溶解」（dissolution）。鹽是氯離子跟鈉離子鍵結而成的物質，把鹽放入水中後，這些原本鍵結在一起的離子便會解離四散，這是因為水

有極性（詳見第46頁），一個水分子會有帶正電較弱的部分跟帶負電較弱的部分，因此，帶正電的鈉離子會跟水分子負電較弱的部分互相吸引，而帶負電的氯離子會跟水分子正電較弱的部分互相吸引。接著，大量的水分子將鹽粒子包圍，並逐漸從固體的鹽解離出離子。透過水的極性，鹽跟水就能均勻地混合。

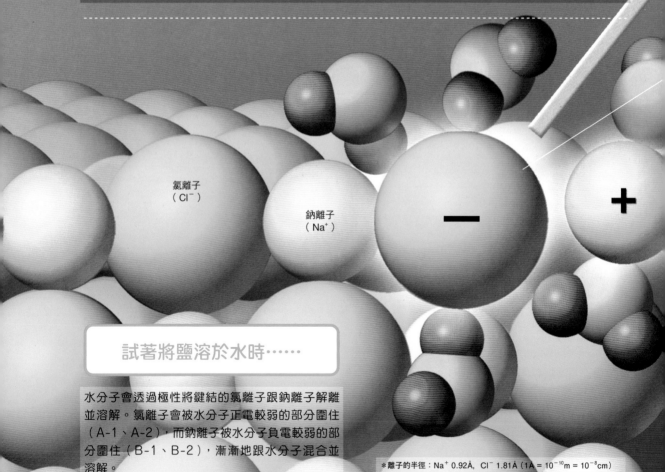

氯離子
（Cl⁻）

鈉離子
（Na⁺）

試著將鹽溶於水時……

水分子會透過極性將鍵結的氯離子跟鈉離子解離並溶解。氯離子會被水分子正電較弱的部分圍住（A-1、A-2），而鈉離子被水分子負電較弱的部分圍住（B-1、B-2），漸漸地跟水分子混合並溶解。

＊離子的半徑：Na⁺ 0.92Å，Cl⁻ 1.81Å（1Å = 10^{-10}m = 10^{-8}cm）

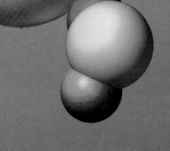

**A-2. 氯離子被水分子
拆開而溶解**

**專欄
COLUMN**

為什麼一打開碳酸飲料
的蓋子就會冒泡？

不僅固體會溶於液體，氣體也會。一般而言氣
體的溶解度（物質溶於液體的極限量）愈低
溫愈大。難溶於液體的氣體如氮、氧、甲烷
等，在到達固定的溫度時，溶於等量液體的
氣體質量（物質量）會跟其氣體的壓力（分
壓）成正比，因為在高壓下溶入液體的氣體
分子會較多。這項定律稱為「亨利定律」
（Henry's law）。

一打開碳酸飲料的蓋子就會冒泡，是因為
打開蓋子會使容器中的壓力下降，而根據亨
利定律，溶進液體內的量便會減少，所以溶
解不完的二氧化
碳就會變成氣
體了。

氣壓較高　　　氣壓較低

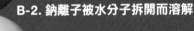

溶解度較高　　　溶解度較低

**A-1. 氯離子與水分子的
局部正電互相吸引**

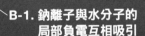

B-2. 鈉離子被水分子拆開而溶解

**B-1. 鈉離子與水分子的
局部負電互相吸引**

會解離出離子的物質與不會解離的物質

像鹽（氯化鈉）這種溶在液體中會解離的物質稱為「電解質」（electrolyte）。相反地，葡萄糖跟砂糖等不會解離的物質稱為「非電解質」（nonelectrolyte）。雖說是非電解質，但並非不溶於水，只要是像水分子般帶有極性的分子，亦會溶於水中，機制如同食鹽溶於水一樣。

溶有鈉離子跟氯離子的水（鹽水）可以導

電，這是因為離子有接受電子或提供電子的特性。大家都曾聽過「不要用潮溼的手插拔電器插頭」吧！因為自來水溶有許多不同的離子（所謂的礦物質成分），包括鈉離子、氯離子、鉀離子等。再加上手上的汗水成分也溶有許多離子，所以處於非常容易導電的狀態。

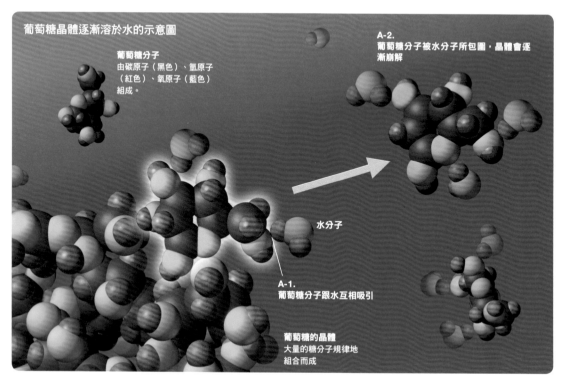

葡萄糖晶體逐漸溶於水的示意圖

葡萄糖分子
由碳原子（黑色）、氫原子（紅色）、氧原子（藍色）組成。

A-2.
葡萄糖分子被水分子所包圍，晶體會逐漸崩解

水分子

A-1.
葡萄糖分子跟水互相吸引

葡萄糖的晶體
大量的糖分子規律地組合而成

葡萄糖分子跟水分子一樣，整體分子是電中性，但分子的局部會帶電（電偶極）。因此葡萄糖分子溶於水中時，首先水分子會跟葡萄糖分子的局部相吸（A-1）。就如同鹽的情況，葡萄糖分子會被水分子所包圍，然而葡萄糖跟葡萄糖之間的鍵結變弱，晶體就崩解了（A-2）。即使是非電解質，只要分子有偶極的話就能溶於水中。

溶有離子的水會導電

固體的鹽或純水不會導電[※]，但鹽水（溶有鈉離子跟氯離子的純水）能導電，因為離子是肩負這項重要任務的「推手」。導電度依液體而異，這裡我們用許多不同液體來測試導電度，並用純水來溶解鹽或砂糖。導電度會根據所連接電池的LED燈泡亮度來判斷。

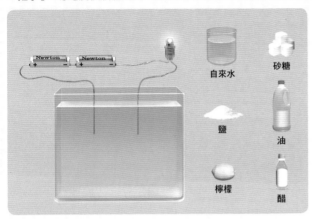

※：沒有溶解離子的水（純水）通常是不導電的，但只要施加高壓，純水就會產生極微弱的電流。一般認為這是因為從純水中的水分子解離出微量的氫離子（H^+）跟氫氧離子（OH^-）。

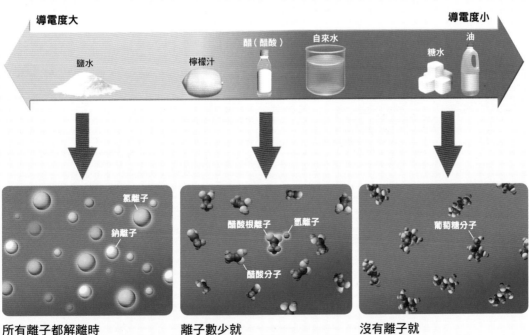

導電度大　　　　　　　　　　　　　　　　導電度小

鹽水　　　檸檬汁　　醋（醋酸）　自來水　　糖水　　油

氫離子　鈉離子

醋酸根離子　氫離子　醋酸分子

葡萄糖分子

所有離子都解離時就容易導電

鹽在水中解離成鈉離子與氯離子的示意圖。溶液連接電池後，會透過離子移動來導電。如同鹽晶體一般，在水中會解離成陰離子跟陽離子的物質都很容易導電。

離子數少就不易導電

醋的主成分為醋酸分子，上為其溶於水中的示意圖。醋酸分子只有一部分會在水中解離，自來水雖含有很多易使其解離為離子的物質，但量不多。醋跟自來水的離子都比鹽水少，所以不容易導電。

沒有離子就不會導電

葡萄糖分子除了不會解離成陰離子跟陽離子之外，分子整體還呈電中性。砂糖（主成分為蔗糖）在水中同樣也不會解離成離子，因此即使將砂糖溶液接上電池也不會通電，故不導電。

COLUMN

有益健康？
「負離子」的真相

我們平常生活中常聽到有人在談「負離子」（minus ions），其實負離子不屬於學術用語，而是日本生意人創造出來的詞彙。但真的沒有負離子嗎？倒也不盡然，負離子在100多年前曾以「負空氣離子」（negative air ions）之名進行研究。

負離子（負空氣離子）是指空氣中帶負電的原子跟分子。平常氣體在大氣中以分子的形態存在，當這些氣體分子被雷擊中或獲得能量時，來自分子的電子就會帶著負電飛出來。一般認為失去電子的分子稱為正離子（正空氣離子），而飛出來的電子飛進周圍其他的分子裡，便產生負離子。

那負離子對健康有幫助嗎？雖然到現今為止的研究都指出負離子會促進健康，但無法指出特定的物質[※]，也有人質疑負離子的存在與對身體的影響，再加上有人提出因為從前的研究大多用電暈放電（corona discharge）來產生負離子，一部分的研究成果可能是由臭氧所產生的。如果未來能明確找出負離子的物質，並知道負離子對身體的具體作用機制，才能定論是否對健康有益。

※：負離子具體而言是什麼物質仍眾說紛紜，空氣

產生負離子的方法

自然界主要有三種產生負離子的方式，如下圖所示。
另外有些產生方式還拿來應用於人造負離子。

飛濺的水花（如瀑布或下雨）

水破碎方式

人們會利用水打在板子上而水花四濺時，較大的水滴帶正電，較小的水滴帶負電，不過當水被病菌汙染後，細菌就會繁殖得到處都是。產生的水粒子較大時，有時會凝成露水。

放電（如打雷）

電暈放電與放電脈衝

是施加電壓於氣體分子使其轉變成離子的方法，用電暈放電會同時產生負離子跟臭氧（有報告指出攝取大量臭氧對身體有害），用放電脈衝是否會改善上述缺點，實際上還不明確。

放射線跟宇宙線

宇宙線

放射線

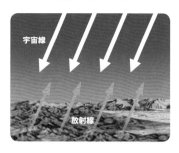

放射線物質方式

利用礦物發出放射線使負離子游離出來的方法。雖說礦物經常發出標準量以下的微量放射線，但是否會傷害人體尚不清楚。

中似乎確實存在帶電的正離子或負離子，不論是哪種，本來就存在於空氣中，並不是什麼新出現的特殊物質。又正離子跟負離子都處在很不穩定的狀態，其壽命非常短，僅僅數秒內就會被帶有相反符號的分子所中和，不再是離子。

銀離子

人類自古以來就使用銀作為餐具，也知道銀有殺菌的作用。在水中放入一塊銀片，通電使銀片電解時，就會產生銀離子。銀離子會抓住細菌，並阻斷細菌呼吸所需的酵素。用含有銀離子的水洗衣服時，由於銀離子會包覆纖維並抑制細菌繁殖，預期會有防止衣服發臭的效果。

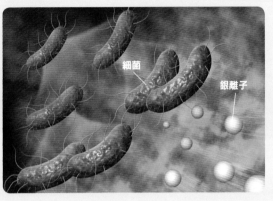

細菌

銀離子

鹼性離子水

鹼性離子水可能是指電解溶有乳酸鈣的水時，產生於「陰極的水」。溶有鈣（Ca^{2+}）跟氫氧離子（OH^-）的水呈鹼性（詳見第135頁）。鹼性離子水也非學術用語，而且就算水是酸性或是鹼性，也不代表含有酸性或鹼性的離子。

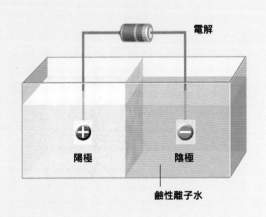

電解

＋
陽極

－
陰極

鹼性離子水

還會聽到其他「○○離子」

我們經常會聽到多種不同的「○○離子」，如「除菌離子」跟「離子吹風機」等，都是生意人想出來的用語，指的是離子集團或是使離子鍵結的物質。很多公司沒有在官網上具體表明是哪種離子，想知道真相的話，可以調查一下。

作用於氧化與還原反應的不只是「氧」

金屬會生鏽，全都跟所謂的「氧化」（oxidation）現象有關。大部分的氧化是指物質跟氧原子鍵結，例如在氧氣（O_2）中加熱銅（Cu）會形成氧化銅（CuO），這就是氧化。另一方面，氧化的逆反應現象稱為「還原」（reduction）。只要用氫（H_2）噴灑於氧化銅（CuO）並加熱，氧化銅就會失去氧而變回銅。

順帶一提，我們生活上發生的生鏽跟加熱反應不同，過程更複雜一點。鐵被水如雨水附著上後，會開始溶出鐵離子。於此同時，水分子跟溶於水的氧分子會獲得電子，並和鐵離子鍵結，變成紅色的氫氧化鐵。接著再跟水中的氧分子反應，變成氧化鐵並附著於金屬表面，這就是紅色鐵鏽的真相。所以當鐵生鏽時，表面就會變得凹凸不平。

鐵生鏽的複雜過程

溶於水中的氧分子跟水分子會奪走鐵的電子，形成圖1的鐵離子（Fe^{2+}）跟氫氧離子（OH^-）。鐵離子跟氫氧離子會立刻發生反應，形成紅色的氫氧化鐵（$Fe(OH)_3$），然後一部分會附著在鐵板表面。另一部分會再跟氧反應，變成圖2的氧化鐵（Fe_2O_3），這些物質就是紅色鐵鏽的真相。

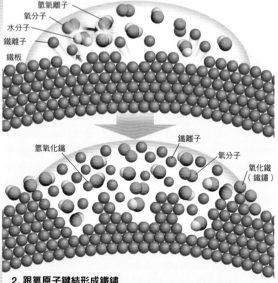

1. 反應從鐵變成鐵離子開始
鐵在鐵板上留下電子並變成鐵離子。然後，水分子跟氧分子會獲得這些電子，形成氫氧離子。

氫氧離子
氧分子
水分子
鐵離子
鐵板

氫氧化鐵
鐵離子
氧分子
氧化鐵（鐵鏽）

2. 跟氧原子鍵結形成鐵鏽
鐵離子會跟氫氧離子反應變成氫氧化鐵，且水會變成紅色。接著繼續跟氧分子反應，變成氧化鐵，形成紅色鐵鏽。

與氧有關的氧化與還原反應

用氧噴灑於銅邊加熱時，銅會氧化成氧化銅（A）。再用氫噴灑於氧化銅並加熱，氧化銅又會還原成銅（B）。

以 B 為例，寫成化學式為「$H_2 + CuO \rightarrow H_2O + Cu$」。寫成文字敘述則為氫跟氧氧化成 H_2O，CuO 失去氧（被還原）變成 Cu。也就是說，氧化跟還原是同時發生的。

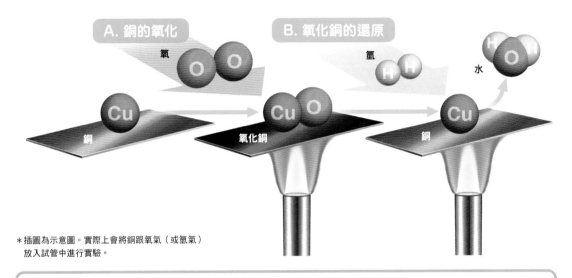

＊插圖為示意圖。實際上會將銅跟氧氣（或氫氣）
　放入試管中進行實驗。

電子交換產生氧化與還原反應

氧化與還原反以廣義來說是指電子（e^-）的交換。例如，仔細分析銅氧化成氧化銅的反應（$2Cu + O_2 \rightarrow 2CuO$）如下。

「$2Cu + O_2 \rightarrow 2CuO$」
氧化：$2Cu \rightarrow 2Cu^{2+} + 4e^-$
（銅原子釋出電子，銅變成銅離子）
還原：$O_2 + 4e^- \rightarrow 2O^{2-}$
（氧原子獲得電子，氧變成氧離子）

＊氧化銅（CuO）為銅離子（Cu^{2+}）與氧離子（O^{2-}）
以離子鍵結合而成。

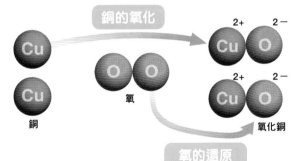

專欄
COLUMN
為什麼暖暖包會發熱？

氧化還原反應跟我們的生活息息相關。例如，暖暖包發熱就是利用鐵劇烈地氧化來產生熱。暖暖包袋中裝有鐵粉跟活性碳、鹽、水、保水劑等，寫成化學式為「Fe（鐵）＋3/4O₂（氧）＋3/2H₂O（水）→ Fe（OH）₃（氫氧化鐵）＋ 96kcal/mol（熱）」。

物質燃燒的機制

紙張、木材、煤炭的燃燒，是指物質跟氧急速反應（氧化反應），同時散發出熱和光的現象。以原子尺度來看，也可說是構成可燃物的原子與分子會跟空氣中的氧分子置換原子，並且產生別的新分子（二氧化碳分子或水分子等）。

要燃燒東西必須要有火種，也就是「高溫的東西」，高溫指的是原子與分子劇烈地運動的狀態。

要燃燒東西，氧分子跟構成可燃物的原子與分子必須要激烈地碰撞。原本的分子中，其原子之間的鍵結很穩定，想要切斷局部的鍵結，並更換原子的配置需要很大的撞擊。使用火種，分子的運動就會變活潑。一旦開始燃燒時，透過化學反應產生的能量就可以維持住高溫（保持原子與分子的劇烈運動），東西便會一直繼續燒下去。

構成火焰的氣體「成分」

木炭主要由碳構成，而木材跟紙主要由纖維等有機化合物組成。有機化合物是由碳、氫、氧、氮構成的物質。燃燒有機物使它產生氧化反應時，木炭燒到最後會變成二氧化碳（CO_2）跟一氧化碳 CO），氫會變成水蒸氣（H_2O）。木材跟紙遇到高溫時，最初纖維會被熱分解，產生可燃性的氣體（由碳跟氫形成的碳氫化合物）。於是，這些可燃性的氣體會跟氧發生反應並鍵結，高溫下就會燃起耀眼的火焰。

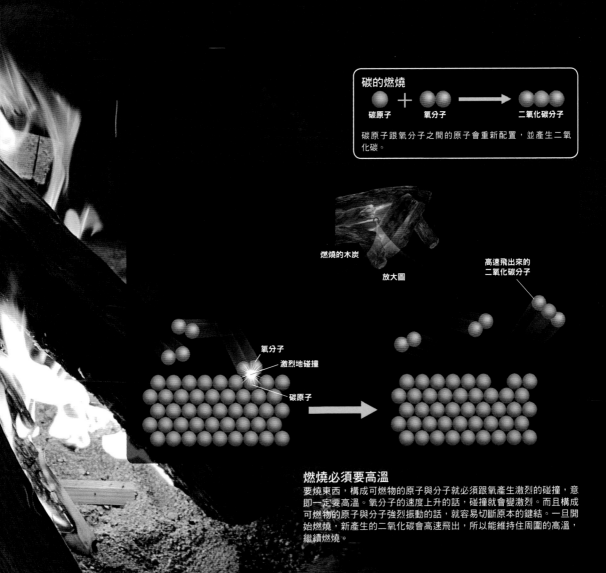

碳的燃燒

碳原子　＋　氧分子　→　二氧化碳分子

碳原子跟氧分子之間的原子會重新配置，並產生二氧化碳。

燃燒的木炭

放大圖

高速飛出來的二氧化碳分子

氧分子

激烈地碰撞

碳原子

燃燒必須要高溫

要燒東西，構成可燃物的原子與分子就必須跟氧產生激烈的碰撞，意即一定要高溫。氧分子的速度上升的話，碰撞就會變激烈。而且構成可燃物的原子與分子強烈振動的話，就容易切斷原本的鍵結。一旦開始燃燒，新產生的二氧化碳會高速飛出，所以能維持住周圍的高溫，繼續燃燒。

為什麼蠟燭會燃燒呢？

起 火燃燒必須要滿足三個條件。第一個是「要有能燒的東西」，可以燃燒的東西並不單指垃圾分類裡的可燃物，例如有些金屬明明不屬於可燃物，遇到高溫也會汽化並產生火焰；第二個條件是「有氧或是提供氧的物質」（氧化劑），要燒東西，其周圍一定要有氧，不過如果是含有氧化劑的火藥，其周圍沒有氧也可以燃燒；第三個條件是「高溫」，一旦起火，氧化反應就會產生熱，熱不逸散的話就會維持高溫，燃燒便會繼續進行。

有時沒有刻意從外面引火也會發生自燃。例如煮菜用過的油在溫度還很高時滲入紙或抹布，置於含有氧且不易散熱的容器內。容器中內會慢慢發生變化，透過油的氧化反應會持續發熱，而熱又逸散不出去，使油的溫度更上升，最後就會著火。

明亮耀眼的光源是固體的微粒子

蠟燭上方的蠟（石蠟）遇熱熔化，並透過毛細作用由燭芯往上爬升。蠟會因火焰的熱而不斷擴散至燭芯周圍而起火燃燒。火焰呈現黃色明亮的「擴散火焰」，而根部附近是跟瓦斯爐火焰（預混火焰）顏色很接近的藍色火焰。這是因為藉著對流，均勻混合了空氣（氧），才得以燃燒。

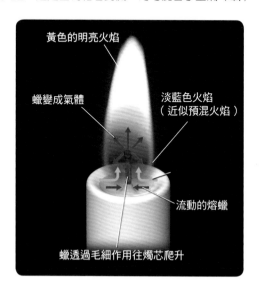

黃色的明亮火焰

蠟變成氣體

淡藍色火焰
（近似預混火焰）

流動的熔蠟

蠟透過毛細作用往燭芯爬升

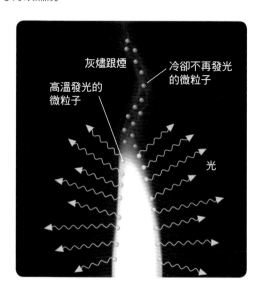

灰燼跟煙

高溫發光的微粒子

冷卻不再發光的微粒子

光

蠟燭燃燒會伴隨狀態變化

電磁學（electromagnetism）始祖之一的知名英國物理學家法拉第，有一本名著為《蠟燭的化學史》（The Chemical History of a Candle），他在書中以蠟燭的各種狀態為教材引領讀者認識科學。

現代的蠟燭主要由石蠟（碳氫化合物）所製成。想要在蠟燭的「身體」上點火，卻怎麼樣也點不著。這是因為蠟熔化了，而熱向周圍逸散，達不到點火所需的溫度，沒有滿足點火條件。

要點著蠟燭就必須在燭芯末端點火。雖說要點在燭芯，但也不是一直只燒燭芯。首先，要藉由熱將蠟燭上方熔出一個碗狀凹槽，其中累積著液態石蠟。變成液體的石蠟會因為毛細作用（capillarity）延著燭芯向上爬升，並因火焰的熱而變成氣體。這些氣體就會在火焰中發生氧化反應。也就是說，固體的石蠟會重複變成液體跟氣體的過程，火因此才點得著。

像上述這般會伴隨狀態變化的燃燒，稱為複相燃燒（heterogeneous combustion），是非常複雜且難懂的現象。

專欄 COLUMN　為什麼瓦斯爐的火焰是藍色的？

廚房裡的瓦斯爐是點燃已事先混合均勻的可燃性瓦斯跟空氣（氧），可以完全燃燒，不易出現灰燼。火焰中不含以碳為主成分的微粒子（發出強光，冷卻後會變灰燼），所以會呈現較高溫的淡藍色火焰，稱為預混火焰。只是當空氣量不足時，有時火焰中碳的微粒子會增加，也會形成黃色明亮的擴散火焰。

水無法滅火？
認識各種滅火劑

燃燒的必要條件為可燃物與氧，再加上熱源（高溫），缺一不可。反之，移除任一條件就能停止燃燒，也就是滅火的意思。

聽到滅火，大家首先會聯想到「水」吧！水能冷卻可燃物來滅火（冷卻效應），但不能澆滅油引起的燃燒，因為一旦澆水，油跟火焰就會飛散出去。而由於電器引起的火災還有觸電的疑慮，也不能用水。

滅火劑會奪走
燃燒需要的離子

台灣最普遍使用的滅火器是價格低廉且應用廣泛的「ABC滅火器」。ABC代表由木材或紙引發的火災（A類火災）、油引發的火災（B類火災）與電器引發的火災（C類火災）皆能適用。

ABC滅火器（乾粉滅火器）是利用噴出的粉末滅火，主要成分為磷酸二氫銨（$NH_4H_2PO_4$）。磷酸二氫銨遇熱時，就會產生銨離子（NH^{4+}）並跟空氣中的氫氧離子（OH^-）結合。因為氫氧離子是持續燃燒所必須的產物，所以被銨離子奪走後就不能繼續燃燒了（抑制效應）。並且，粉末會阻絕火焰周圍的空氣（氧）來達到滅火效果（窒息效應）。

「強化液滅火器」也是家庭常用滅火器之一，這種滅火器是將鹼性的碳酸鉀（K_2CO_3）溶於水，使用液體滅火，對因油引起的火災，比ABC滅火器更有效。碳酸鉀噴灑於油時，油會被酒精與脂肪酸鉀鹽分解，表面因而皂化，帶來冷卻效應跟窒息效應。

不宜使用水滅火的機房或收藏貴重藝術品的美術館跟博物館，則會配備「二氧化碳滅火器」。因為二氧化碳是不可燃的氣體，便可透過噴灑火焰來達到窒息效應。不過另一方面，二氧化碳也會對人體有害，所以使用上要特別注意。

ABC滅火器
（乾粉滅火器）

滅火劑的主成分為磷酸二氫銨粉末，呈現粉紅色。利用窒息效應跟抑制效應來滅火。

強化液滅火器

滅火劑為與水相混的碳酸鉀液體。由於其凝固點較低,在寒冷地區也能使用。對 B 類火災與 C 類火災一定要使用霧狀噴灑的方式才有效。

二氧化碳滅火器

二氧化碳讓火焰窒息而達到滅火目的。在狹小的室內使用時易缺氧,會導致使用者窒息,所以要特別注意。

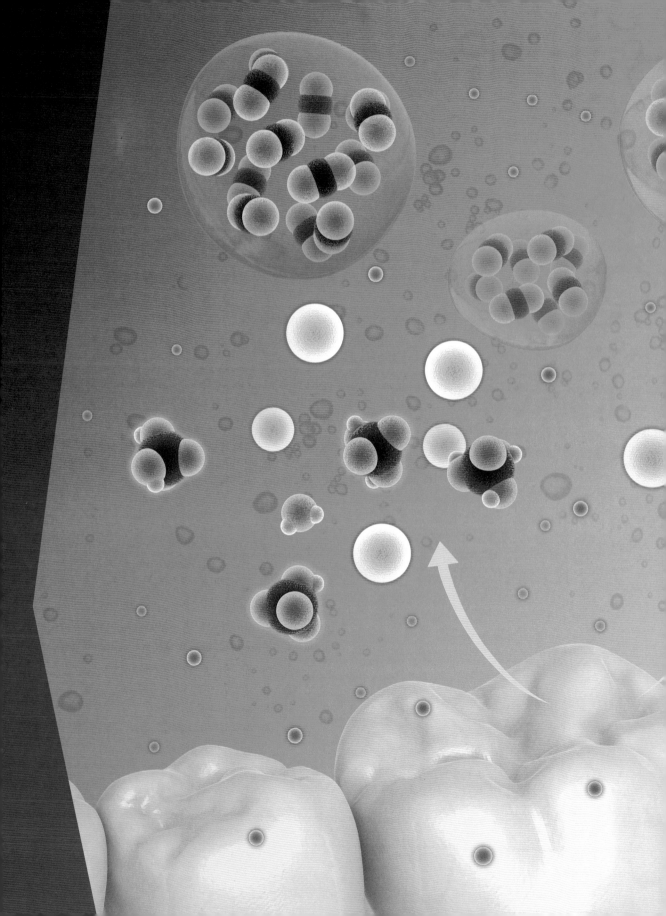

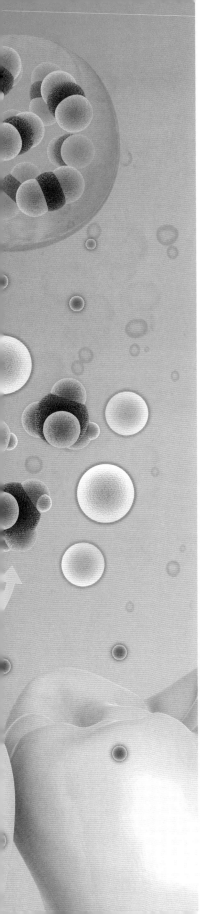

3

化學與人體
Chemistry and Human body

酸的味道是「酸的」
鹼的味道是「苦的」

檸檬或橘子等柑橘類果汁喝起來帶有酸味，是因為含有一種「酸」（acid），叫做檸檬酸。而現在知道食品跟飲料中的酸味是因為含有「氫離子」（H⁺）。

氫離子在口中附著位於味蕾上的味覺細胞時，味蕾細胞會向神經細胞分泌傳遞物質告知有氫離子附著其上。於是，電流的刺激傳遞至神經細胞，腦部就會感覺到「酸味」。另外，酸跟金屬反應會產生氫，也是這種酸含有氫離子的關係。

「鹼基」（base）亦可稱為「鹼」，是會跟酸反應的一種物質，帶有苦味，鹼基溶於水則稱為「鹼」（alkali），會產生「氫氧離子」（OH⁻）。鹼基水溶液的特性（鹼性）是因為含有氫氧離子。

醋酸
（CH₃COOH）

輪廓乳突

輪廓乳突側面
的放大圖

葉狀乳突——

蕈狀乳突——

絲狀乳突——

酸味的
味覺細胞

舌

味蕾是感覺味道的感測器

人的舌頭表面分有 4 種乳突，包括輪廓乳突（circumvallate papillae）、葉狀乳突（foliate papillae）、蕈狀乳突（fungiform papillae）、絲狀乳突（foliate papillae）。其中輪廓乳突與葉狀乳突、蕈狀乳突的側面含有味蕾的結構（如右插圖），會感覺放入口中食物的味道，舌頭上大約有5000個味蕾。

味蕾不只分布在舌頭表面，也分布於上顎的深處跟喉嚨表面，加上位於口中的味蕾，總計約多達7000個。味蕾由 5 種味覺細胞組成，分別會感受酸味、鮮味、甜味、鹹味、苦味。

舔舐醋所發生的變化

醋的主成分為醋酸（CH_3COOH），其中一部分會解離成氫離子（H^+）跟醋酸根離子（CH_3COO^-），這個氫離子就是形成酸味的來源。另外，插圖為了強調氫離子跟醋酸根離子，繪製出的數量比實際上還要多。例如，一般的醋為6％的醋酸水溶液，其中氫離子跟醋酸根離子的數量，以200個醋酸分子來說，大約只有1個氫離子跟1個醋酸根離子。

醋酸根離子
（CH_3COO^-）

氫離子
（H^+）

味蕾

氫離子附著於酸味
的味覺細胞

鹹味的
味覺細胞

苦味的
味覺細胞

甜味的
味覺細胞

傳導物質

神經細胞

鮮味的
味覺細胞

支持
細胞

基底
細胞

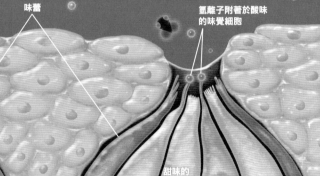

pH代表
氫離子的濃度

酸 是指溶於水時會產生氫離子（H^+）的物質。當溶於水的時候，幾乎所有分子都解離出氫離子的酸，稱為「強酸」，如鹽酸跟硫酸。相對地，像醋酸跟檸檬酸這種「弱酸」，只有部分會解離出氫離子。酸性的強度差異即來自氫離子產生的濃度差異。

要表示氫離子的濃度，就要使用名為「pH」的單位。p代表指數（power），H是氫離子（hydrogen ion）的第一個字母，也稱為酸鹼度。pH值是以氫離子的濃度為「10的負幾次方」來表示，例如pH值為 7 代表 1 公升水溶液中有10的負 7 次方（0.0000001）莫耳的氫離子，這樣的液體屬於「中性」，而小於 7 為「酸性」，大於 7 為「鹼性」。

胃酸
（pH1～2）

碳酸飲料
（最低達
pH2.2）

醬油
（pH4.5～5）

牛乳
（大約pH6.5）

水
（pH7）

肥皂水
（pH9～10）

溶有灰燼的水
（pH10～13）

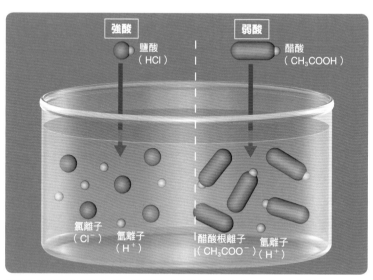

如鹽酸水溶液般的「強酸」時，幾乎所有分子都會解離出氫離子，產生較多的氫離子。另一方面，水溶液如醋酸般的「弱酸」時，只有一部分的氫離子會解離出來，產生較少的氫離子。

* 此示意圖根據阿瑞尼斯的定義所繪。另外酸跟鹼的定義採用「路易斯的定義」（詳見第203頁）。

多種水溶液的pH

pH代表氫離子的濃度，以「10的負幾次方」來表示。當pH相差 1 時，氫離子的濃度就相差10倍。

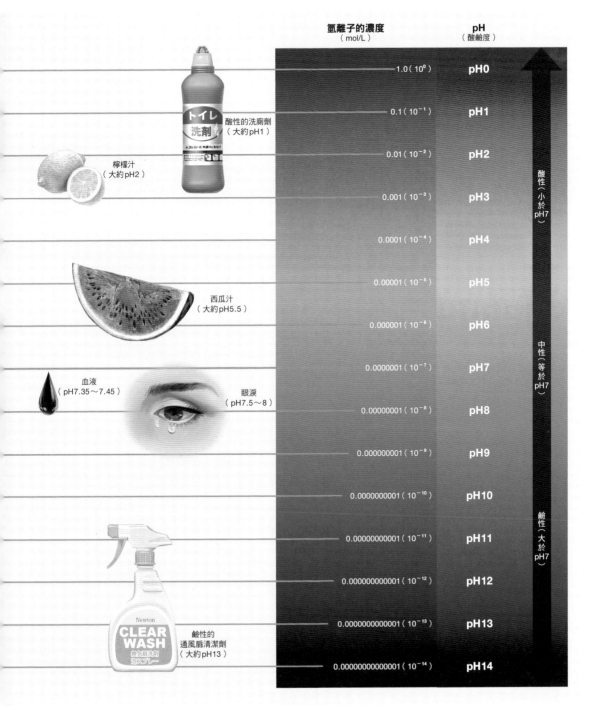

氫離子的濃度
（mol/L）

pH
（酸鹼度）

氫離子的濃度 (mol/L)	pH (酸鹼度)
$1.0\ (10^{0})$	pH0
$0.1\ (10^{-1})$	pH1
$0.01\ (10^{-2})$	pH2
$0.001\ (10^{-3})$	pH3
$0.0001\ (10^{-4})$	pH4
$0.00001\ (10^{-5})$	pH5
$0.000001\ (10^{-6})$	pH6
$0.0000001\ (10^{-7})$	pH7
$0.00000001\ (10^{-8})$	pH8
$0.000000001\ (10^{-9})$	pH9
$0.0000000001\ (10^{-10})$	pH10
$0.00000000001\ (10^{-11})$	pH11
$0.000000000001\ (10^{-12})$	pH12
$0.0000000000001\ (10^{-13})$	pH13
$0.00000000000001\ (10^{-14})$	pH14

酸性的洗廁劑
（大約pH1）

檸檬汁
（大約pH2）

西瓜汁
（大約pH5.5）

血液
（pH7.35～7.45）

眼淚
（pH7.5～8）

鹼性的
通風扇清潔劑
（大約pH13）

酸性（小於pH7）

中性（等於pH7）

鹼性（大於pH7）

トイレ洗劑

Newton CLEAR WASH 換氣扇洗劑

精準分辨酸的石蕊

酸的英文「acid」，源自拉丁文中的「acidus」，據說是英國的哲學家培根（Francis Bacon，1561～1626）於1626年將其引進英文之中。在17世紀之前，要分辨物質是否為酸，必須要用舌頭舔，再憑感覺判定的方法。只是酸的感覺因人而異，再加上有時會有舔到危險的物質。也就是說，當時並無法精準的分辨出酸。

石蕊原本是羊毛染色的染料

一般認為首次用科學方法分辨酸的人，是英國的科學家波以耳（詳見第78頁）。某一天波以耳在做實驗的過程中，鹽酸水溶液的水滴飛濺出來，恰巧落在堇花的花瓣上。過了一會兒，波以耳不經意地看向花瓣，發現只有沾到鹽酸水溶液的部分變成紅色。波以耳見狀，便注意到酸會讓植物的色素變色。

當時會用一種「石蕊」染料幫羊毛染色，這是從地衣萃取出來的藍色色素。波以耳已知酸會使植物的色素變色，便利用石蕊一個個實驗了許多不同的液體。因此，他將讓藍色石蕊變紅的液體定義為酸（或酸的水溶液），而將與酸互相中和的物質定義為鹼基（鹼）。

拉瓦節的誤解

英國化學家卜利士力（Joseph Priestley，1733～1804）於1774年發現了元素（O），拉瓦節認為含有這種元素的物質才能稱為酸。因為碳酸（H_2CO_3）及磷酸（H_3PO_4）等水溶液全都會使藍色的石蕊變紅色[※]。

拉瓦節於1779年將這個元素命名為「氧」（oxygene），代表酸（oxys）生成（gen）的來源。但水溶液為鹼性的石灰（CaO）卻含有氧，而且即使鹽酸（HCl）不含氧，鹽酸水溶液也是酸性的。意即不是含有氧就是酸。故拉瓦節的觀念是不正確的。

※：當時普遍認為氯含有氧。

石蕊是將生長於地中海跟西非的石蕊地衣（苔蘚的親戚）搗碎，添加氨跟石灰，經過發酵的萃取物。

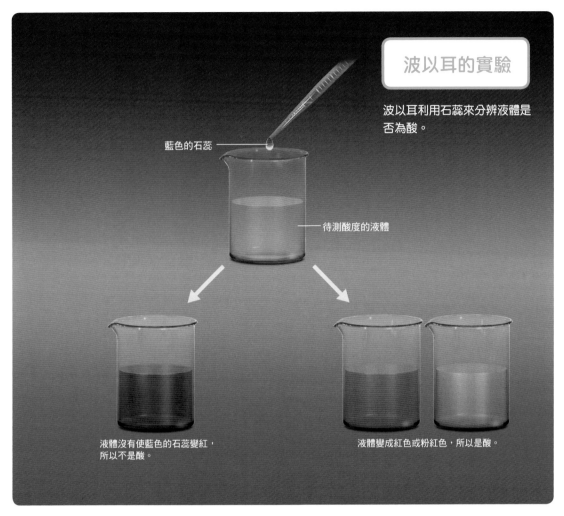

波以耳的實驗

波以耳利用石蕊來分辨液體是否為酸。

藍色的石蕊

待測酸度的液體

液體沒有使藍色的石蕊變紅，所以不是酸。

液體變成紅色或粉紅色，所以是酸。

石蕊試紙

將藍色石蕊塗在紙上的試紙，稱為石蕊試紙，沾上的液體為酸性的話就會變成紅色。另一方面，紅色石蕊試紙是用酸將石蕊變成紅色後，再塗在紙上的試紙，可用來分辨液體是否為鹼性，若沾上的液體為鹼性，就會變成藍色。

由於日本不生長石蕊地衣，過去需仰賴進口。第二次世界大戰時無法進口石蕊地衣，曾使用過別種地衣（橫輪猿尾枷等松蘿屬地衣），現在則都是使用工業合成的石蕊。

阿
瑞
尼
斯
的
定
義

酸溶於水就會
釋出氫離子

英國化學家暨物理學家卡文迪西（Henry Cavendish，1731～1810）於1766年發現了新的元素。原則上，物質就是要含有這個元素（H）才會產生酸，但拉瓦節卻沒注意到這點[※]。首次主張酸是氫的化合物的人，是英國化學家戴維（1778～1829），他於1808年發現鹽酸（HCl）中的氯（Cl）是一種元素，並主張鹽酸僅由氫（H）跟氯（Cl）所構成。

1887年，瑞典化學家阿瑞尼斯（1859～1927）定義酸是指「溶於水中會釋出氫離子（H^+）的物質」，而鹼是指「溶於水中會釋出氫氧離子（OH^-）的物質」。他還發現當酸跟鹼混合時，酸釋出的氫離子會跟鹼釋出的氫氧離子結合成水分子，發生了中和反應（neutralization reaction）。

※：拉瓦節於1789年將這個元素命名為氫（hydrogen），代表它是水（hydro）生成（gen）的來源。

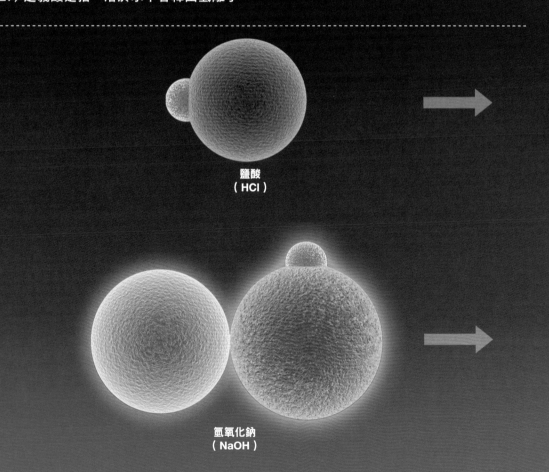

鹽酸
（HCl）

氫氧化鈉
（NaOH）

卡文迪西發現氫元素

專欄 COLUMN

卡文迪西使金屬跟酸性液體發生反應時，會釋出一種「可燃空氣」，並仔細研究了它的特性。此反應實驗所用的金屬是鋅或鐵，酸性水溶液是鹽酸或硫酸。他於1766年發表一篇論文，說明他所分離的可燃空氣，重量只有一般空氣的11分之1（實際上氫的重量大約是空氣的14分之1）。這個可燃空氣就是後來稱為「氫」的氣體。

此外，卡文迪西是非常富裕的貴族。據說他個性非常內向，不喜歡跟人接觸，覺得關在屋裡做實驗才是他生存的意義。

阿瑞尼斯定義的酸與鹼

阿瑞尼斯認為，酸是指溶於水中會釋出氫離子的物質，而鹼是指溶於水中會釋出氫氧離子的物質。例如鹽酸溶於水就會釋出氫離子，所以是「酸」（如上段圖）；氫氧化鈉溶於水就會釋出氫氧離子，所以是「鹼」（如下段圖）。

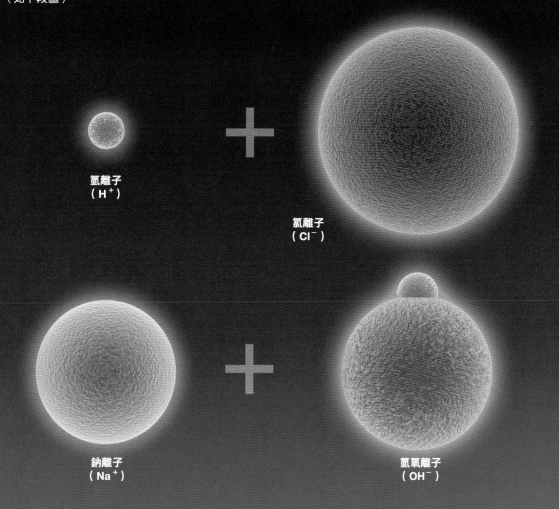

氫離子
（H⁺）

氯離子
（Cl⁻）

鈉離子
（Na⁺）

氫氧離子
（OH⁻）

布忍斯特－洛瑞的定義

重新定義酸與鹼

有些現象無法用阿瑞尼斯酸鹼定義來解釋。例如氨（NH_3）的水溶液呈現鹼性，但是氨溶於水時並不會釋放出氫氧離子（OH^-）。

我們每天用的水其實都含有微量的氫離子（H^+）跟氫氧離子（OH^-）。這是因為水中有部分的水分子（H_2O）會解離成氫離子跟氫氧離子。而氨的水溶液會呈現鹼性是因為氨會跟水中的氫離子結合成銨離子（NH_4^+），因此水中所含的氫氧離子數量會比氫原子還要多。

因此，丹麥化學家布忍斯特（Johannes Brønsted，1879～1947）與英國化學家洛瑞（Martin Lowry，1874～1936）同時於1923

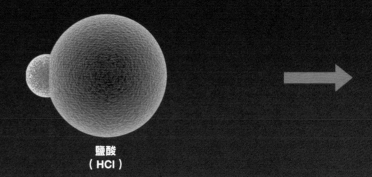

鹽酸
（HCl）

氨
（NH_3）

＋

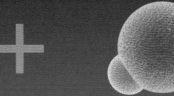

水
（H_2O）

年，各自獨立發表新的酸鹼定義。他們定義酸為「可以提供氫離子（H^+）給對方的物質」，鹼是「可以從對方接受氫離子（H^+）的物質」。以氨為例，溶於水時會接受氫離子變成銨離子，所以屬於「鹼」。布忍斯特與洛瑞的定義也適用於不提供氫氧離子的鹼跟氣體的酸（氣體的鹼）。

布忍斯特－洛瑞定義的酸與鹼

以鹽酸為例，溶於水時能提供氫離子，屬於「酸」（如上段圖），接受氫離子的水分子會變成水合氫離子（H_3O^+）。另外，原本氫離子不會單獨存在於水中，而會跟水分子結合成水合氫離子。但是寫化學式時為方便解釋，會單獨將氫離子寫出來。插圖也是將氫離子獨立出來。

另一方面，氨溶於水時能接受氫離子，所以是「鹼」（如下段圖）。接受氫離子的氨會變成銨離子（NH_4^+）。

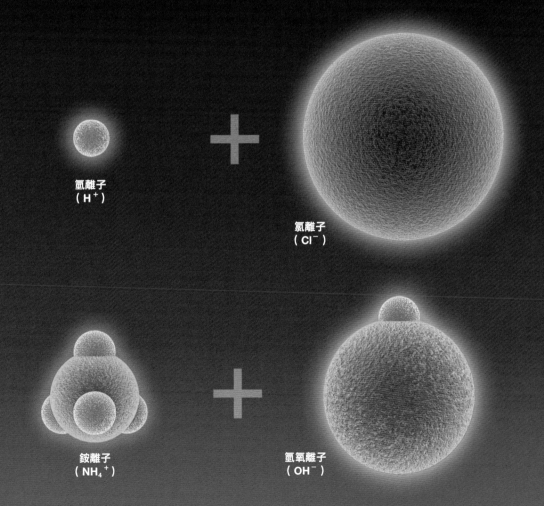

氫離子
（H^+）

氯離子
（Cl^-）

銨離子
（NH_4^+）

氫氧離子
（OH^-）

酸與鹼反應時，會失去各自的特性

酸與鹼反應會形成「鹽」（salt），這裡的鹽指酸與鹼反應後產生的化合物總稱。例如，鹽酸（酸）跟氫氧化鈉（鹼）混合時，就會產生水跟氯化鈉（食鹽），這種反應稱為「中和」（neutralization）。發生中和時，酸性與鹼性會互相抵消。

漂白用的氯系清潔劑大多含有次氯酸鈉，當次氯酸鈉加上主成分為鹽酸的酸性清潔劑時，會發生激烈的反應，瞬間釋放出氯氣，氯氣對人體有害，只要吸入就會瞬間失去意識，錯過搶救時間便會喪命。因此，上述清潔劑都會標示「混用危險」。棘手的是，次氯酸會跟比它強的酸產生反應，例如有人不知道廚房水槽裡有醋，就用了氯系清潔劑，很可能會因此發生意外。

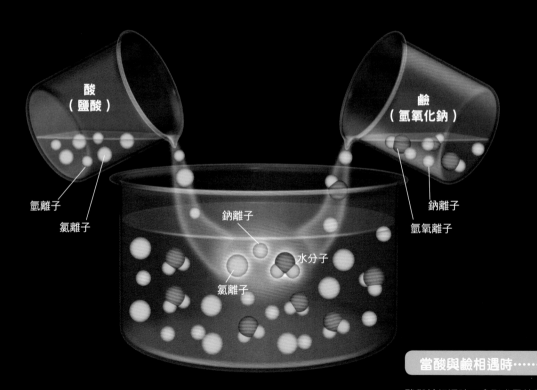

酸
（鹽酸）

鹼
（氫氧化鈉）

氫離子

氯離子

鈉離子

氫氧離子

鈉離子

水分子

氯離子

當酸與鹼相遇時……

酸與鹼相遇時，會形成異於原本酸鹼特性的鹽類。如圖所示，混合鹽酸跟氫氧化鈉後，會形成氯化鈉跟水。

氯氣的產生

氯系清潔劑（次氯酸鈉）跟酸性清潔劑（鹽酸）混合時，次氯酸鈉會解離並產生屬於弱酸的次氯酸（**1**）。接著在鹽酸的作用下（**2**），會分解出氯氣跟水分子（**3**），劇烈反應產生的氯氣會變成氣泡，並釋放至空氣中。

氯系清潔劑與酸性清潔劑的危險反應

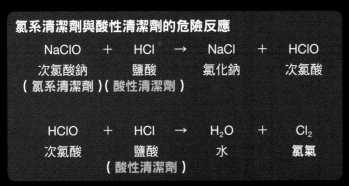

NaClO	+	HCl	→	NaCl	+	HClO
次氯酸鈉		鹽酸		氯化鈉		次氯酸
（氯系清潔劑）	（酸性清潔劑）					

HClO	+	HCl	→	H_2O	+	Cl_2
次氯酸		鹽酸		水		氯氣
		（酸性清潔劑）				

氯氣的產生
氯氣會溶於人體的黏膜，並產生鹽酸。因此，黏膜會被破壞，可見毒性之強。

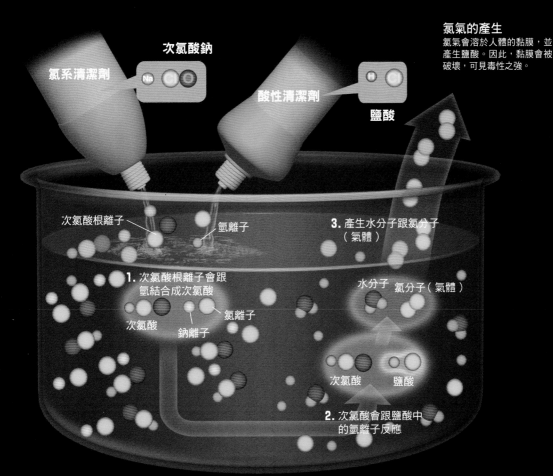

次氯酸鈉

氯系清潔劑

酸性清潔劑

鹽酸

次氯酸根離子 氫離子

3. 產生水分子跟氯分子（氣體）

1. 次氯酸根離子會跟氫結合成次氯酸

次氯酸 氯離子

鈉離子

水分子 氯分子（氣體）

次氯酸 鹽酸

2. 次氯酸會跟鹽酸中的氫離子反應

＊因為非常危險，絕對不要做這個實驗。

胃藉由氫離子的力量進行消化

胃中分泌的胃液，為pH1~2的強酸液體，其中含有鹽酸。胃主要負責消化（分解）蛋白質，鹽酸是不可或缺的一環。

負責分解蛋白質的是一種名為胃蛋白酶（pepsin）的分解酵素。胃蛋白酶從胃壁分泌出來時並沒有分解能力，要與氫離子相遇才有分解蛋白質的能力。因為如果在分泌前就沒有分解能力的話，胃本身就會被消化掉了。

我們現在就來認識一下胃是如何消化蛋白質的吧！胃會分泌鹽酸（胃酸）（1），其中的氫離子會活化胃蛋白酶（2），並將蛋白質固體的胺基酸鏈鬆開以利分解（3）。鬆開的蛋白質跟具有分解能力的胃蛋白酶結合，就可以開始進行分解（消化）（4）。

蛋白質分解的機制

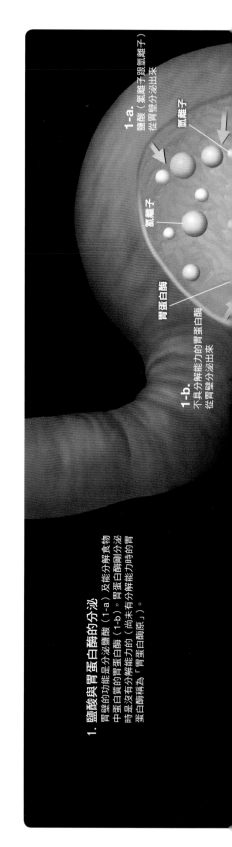

1-a.
鹽酸（氫離子跟氫氧離子）
從胃壁分泌出來

氫離子

胃蛋白酶

氫氧離子

1-b.
不具分解能力的胃蛋白酶
從胃壁分泌出來

1. 鹽酸與胃蛋白酶的分泌
胃壁的功能是分泌鹽酸（1-a）及能分解食物中蛋白質的胃蛋白酶（1-b）。胃壁分泌的胃蛋白酶是沒有分解能力的（尚未有分解能力時的胃蛋白酶稱為「胃蛋白酶原」）。

蛋白質是由胺基酸串連起來的鏈狀物質。由於鏈條互相纏繞，結構很複雜，很難直接分解。胃蛋白酶就像剪刀一樣把鏈狀的蛋白質切斷。胃蛋白酶只能切一刀。只要氫離子跟胃蛋白酶結合，就能改變蛋白質的結構，並將鏈條鬆開，此時胃蛋白酶就能發揮它的能力來分解蛋白質。

* 鹽酸還有額外的功能，就是利用氫離子殺死進入身體的細菌，保護身體。

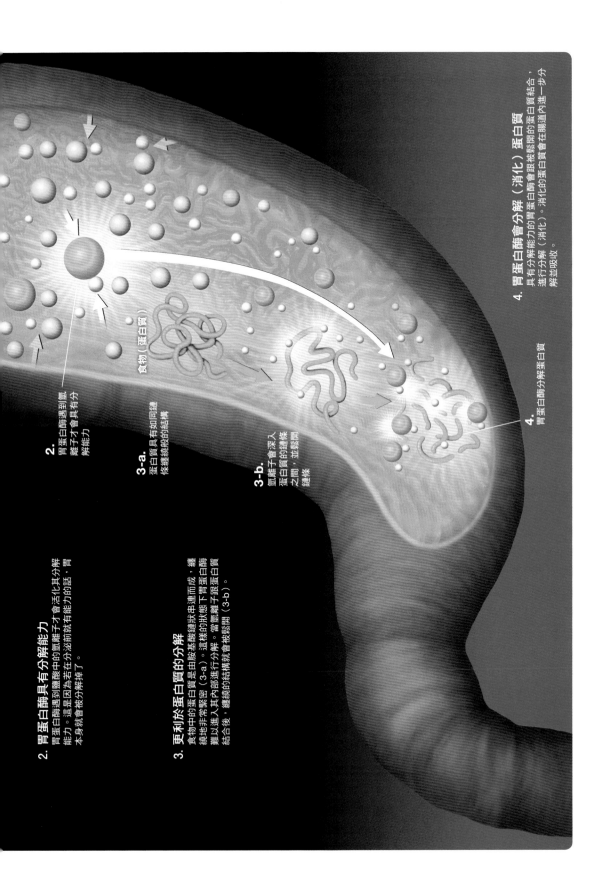

食物（蛋白質）

2.
胃蛋白酶遇到鹽
離子才會具有分
解能力

3-a.
蛋白質有如同鏈
條纏繞般的結構

3-b.
氫離子會深入
蛋白質的鏈條
之間，並鬆開
鏈條

4.
胃蛋白酶分解蛋白質

4. 胃蛋白酶分解（消化）蛋白質
具有分解能力的胃蛋白酶會跟鬆開的蛋白質結合，
進行分解（消化）。消化的蛋白質會在腸道內進一步分
解並吸收。

2. 胃蛋白酶具有分解能力
胃蛋白酶遇到鹽酸中的氫離子才會活化其分解
能力。這是因為若在分泌前就有能力的話，胃
本身就會被分解掉了。

3. 更利於蛋白質的分解
食物中的蛋白質是由胺基酸鏈狀串連而成，纏
繞地非常緊密（3-a）。這樣的狀態下胃蛋白酶
難以進入其內部進行分解。當氫離子跟下胃蛋白質
結合後，纏繞的結構就會被鬆開（3-b）。

碳酸飲料所含的氫離子會溶解牙齒

小 時候或許曾被大人警告說：「喝碳酸飲料，牙齒會溶解掉喔！」牙齒表面包覆有琺瑯質（enamel），主成分是稱為「羥磷灰石」（hydroxyapatite）的化合物。當喝進酸性液體如碳酸飲料後，口中的酸鹼值降到pH5.5以下[1]，就會溶解羥磷灰石，甚至可能侵蝕到牙齒。但這也不至於把牙齒溶掉，因為唾液會沖洗掉附著於牙齒上的酸性液體，使口中的水趨近於中性，而且唾液含有的成分，還可以修補流失的琺瑯質。

但若慢慢喝進酸性液體，並在酸性液體仍附著於牙齒的狀態下用力刷牙[2]，就會使牙齒受到溶解，變薄變小，這種牙齒稱為「酸蝕齒」（tooth erosion）。平常會喝pH較低的酸性食品，例如碳酸飲料、運動飲料、柑橘類果汁、紅酒等的人，必須要特別小心。

※1：利用齲齒菌產生的酸（如乳酸）做出的實驗值。
　　酸蝕琺瑯質的pH值會因酸性液體所含的酸而異。
※2：吃飽飯後，唾液的功效至少需要30分鐘才有效，
　　所以建議30分後再刷牙比較好。

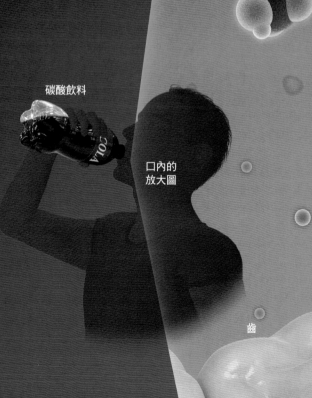

碳酸飲料是二氧化碳（碳酸氣體：CO_2）的水溶液。當二氧化碳溶於水時，一部分的分子會跟水分子結合成碳酸（H_2CO_3）。碳酸中有一部份會解離成氫離子（H^+）跟碳酸氫根離子（HCO_3^-），而一部分的碳酸氫根離子會再解離成氫離子跟碳酸根（CO_3^{2-}）。因水溶液中的氫離子增加，所以碳酸飲料為酸性。

碳酸飲料

口內的放大圖

齒

碳酸飲料會溶蝕牙齒

牙齒浸在pH低的碳酸飲料中時，羥磷灰石會溶出鈣離子、磷酸氫根離子、磷酸二氫根離子、磷酸、水分子等。這個現象跟齲齒菌利用糖產生酸（例如乳酸）無關。也就是說，即使是喝不含糖的碳酸飲料，也有可能會牙齒酸蝕。

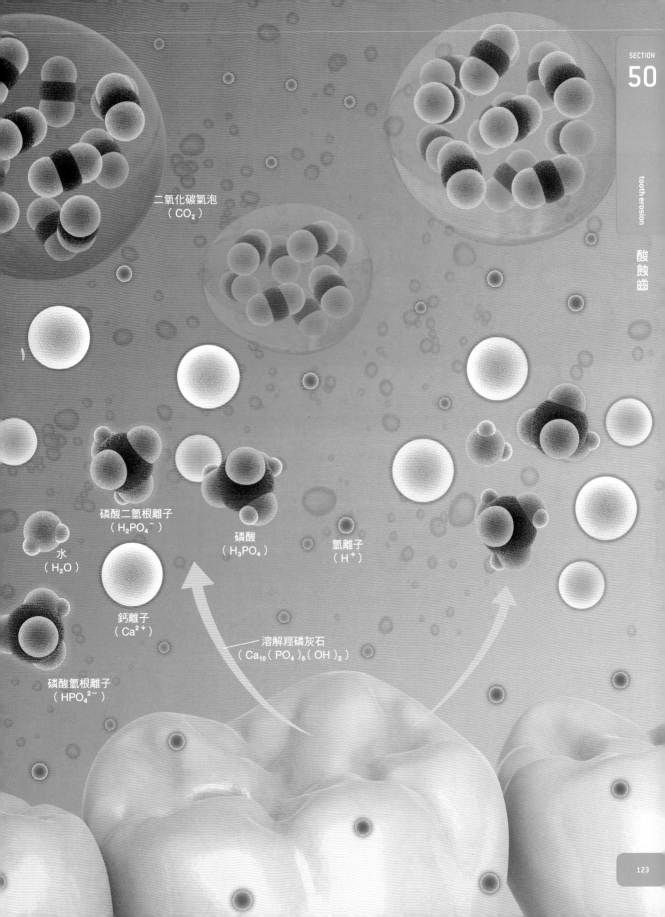

二氧化碳氣泡
（ CO_2 ）

磷酸二氫根離子
（ $H_2PO_4^-$ ）

磷酸
（ H_3PO_4 ）

氫離子
（ H^+ ）

水
（ H_2O ）

鈣離子
（ Ca^{2+} ）

溶解羥磷灰石
（ $Ca_{10}(PO_4)_6(OH)_2$ ）

磷酸氫根離子
（ HPO_4^{2-} ）

人體有九成是由六種元素所構成

人的身體有98.5％的比例，是由氧（O）、碳（C）、氫（H）、氮（N）、鈣（Ca）、磷（P）所組成。構成身體的蛋白質跟DNA等物質，主要都是這些元素所形成的。人體還有其他元素，而包括上述六種在內，共有24種※是必需元素，缺乏任何一種元素身體就會出狀況。

以成年男性為例，體重約有60％為水，其中約30％為血液與組織液。溶於血液與組織液的多種元素與溶於海水的元素相比，雖然濃度不同，但元素的種類卻非常相近，這到底是為什麼呢？一般認為地球上最早誕生的生命，是海中的小型單細胞生物。如同單細胞生物漂浮於海中般，人體一個個的細胞也漂浮在名為組織液的海中。

※：除了氧、碳、氫、氮、鈣、磷之外，還有硫、鉀、鈉、氯、鎂、鐵、氯、矽、鋅、錳、銅、硒、碘、硼、鉬、鎳、鉻、鈷。

海水與血液的成分類似

下圖顯示溶於液體中的成分及其比例（重量％）。以海水為例，每 1 公升的海水溶有約33.2公克的元素。其中鈉的質量約10.8公克，占整體的32.4％。另外，血液則含有較多圖中未顯示的有機酸跟蛋白質。

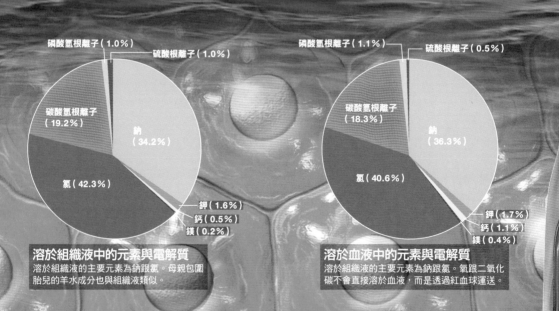

左圖（溶於組織液）：
磷酸氫根離子（1.0％）
硫酸根離子（1.0％）
碳酸氫根離子（19.2％）
鈉（34.2％）
氯（42.3％）
鉀（1.6％）
鈣（0.5％）
鎂（0.2％）

溶於組織液中的元素與電解質
溶於組織液的主要元素為鈉跟氯。母親包圍胎兒的羊水成分也與組織液類似。

右圖（溶於血液）：
磷酸氫根離子（1.1％）
硫酸根離子（0.5％）
碳酸氫根離子（18.3％）
鈉（36.3％）
氯（40.6％）
鉀（1.7％）
鈣（1.1％）
鎂（0.4％）

溶於血液中的元素與電解質
溶於組織液的主要元素為鈉跟氯。氧跟二氧化碳不會直接溶於血液，而是透過紅血球運送。

構
成
人
體
的
元
素

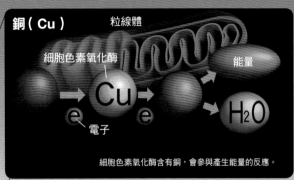

銅（Cu）

粒線體
細胞色素氧化酶
能量
電子

細胞色素氧化酶含有銅，會參與產生能量的反應。

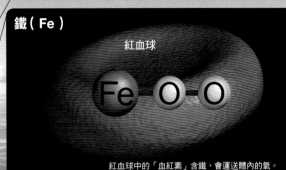

鐵（Fe）

紅血球

Fe—O—O

紅血球中的「血紅素」含鐵，會運送體內的氧。

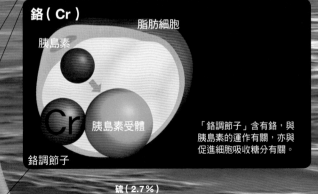

鉻（Cr）

脂肪細胞
胰島素
Cr
胰島素受體
鉻調節子

「鉻調節子」含有鉻，與胰島素的運作有關，亦與促進細胞吸收糖分有關。

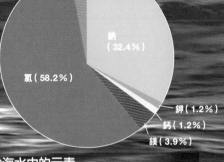

硫（2.7%）
鈉（32.4%）
氯（58.2%）
鉀（1.2%）
鈣（1.2%）
鎂（3.9%）

溶於海水中的元素

海水的成分會依地區及深度而有少量差異，因為照到太陽光的量跟棲息生物的量、流入的淡水量各異。本圖顯示的為平均值。

1公升血液含有約9克的鹽

　　血液從動脈流至微血管，再從微血管流出變成組織液，並流動於細胞間隙。人體約由37兆個細胞構成，所有細胞從一開始就需要仰賴血液跟組織液運送氧以及營養物質才得以生存下去。

　　血液跟組織液溶有許多種物質，因為血液跟組織液的主成分是水，溶解力（溶解物質的能力）很大。糖、酒精、磷脂、蛋

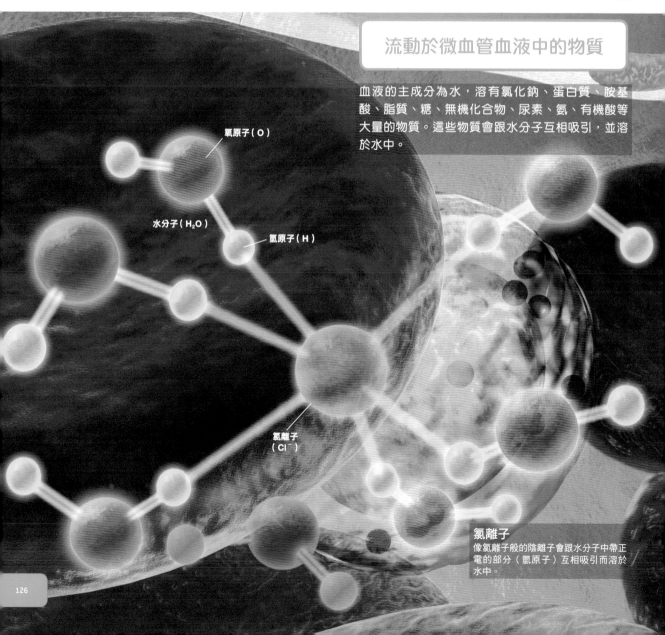

流動於微血管血液中的物質

血液的主成分為水，溶有氯化鈉、蛋白質、胺基酸、脂質、糖、無機化合物、尿素、氨、有機酸等大量的物質。這些物質會跟水分子互相吸引，並溶於水中。

氧原子（O）

水分子（H₂O）

氫原子（H）

氯離子（Cl⁻）

氯離子
像氯離子般的陰離子會跟水分子中帶正電的部分（氫原子）互相吸引而溶於水中。

白質的分子中含有「親水性」，藉此跟水分子形成氫鍵而溶於水中。像油一般則帶「疏水性」的分子，不會溶於水，便會跟水分離。

　　像氯化鈉這種電解質在血液中會解離成陽離子跟陰離子並溶於血中。鈉（Na^+）是血液中主要的陽離子，與維持正常的水分跟滲透壓有關。另一方面，氯離子（Cl^-）是血液中含量最多的陰離子。維持水分與滲透壓，陽離子與陰離子的正常平衡，是非常重要的功能。

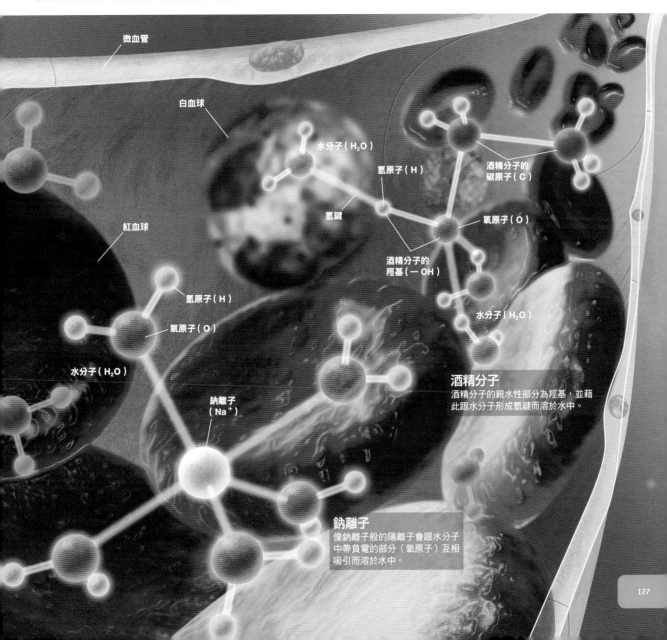

微血管

白血球

水分子（H_2O）

氫原子（H）

氫鍵

酒精分子的碳原子（C）

氧原子（O）

紅血球

酒精分子的羥基（－OH）

氫原子（H）

氧原子（O）

水分子（H_2O）

水分子（H_2O）

鈉離子（Na^+）

酒精分子
酒精分子的親水性部分為羥基，並藉此跟水分子形成氫鍵而溶於水中。

鈉離子
像鈉離子般的陽離子會跟水分子中帶負電的部分（氧原子）互相吸引而溶於水中。

調節體內酸鹼平衡的腎臟

人體為了維持正常的活動，體液的酸鹼度經常在pH7.35～7.45的範圍內，意即必須保持在弱鹼性。腎臟跟肺具有調節pH的功能。全身的細胞活動（代謝）所產生的酸性廢物會經由血液運送至腎臟跟肺。酸性的廢物分為揮發性跟不揮發性，不揮發性的廢物會經由腎臟變成尿，而揮發性的廢物（二氧化碳）則透過呼吸作用排出體外，以防止體液偏向酸性。

當腎臟因為某些原因功能低下時，原本維持於定值的酸鹼平衡便會失衡，血液（體液）的pH會變得比7.35更酸，這個狀態稱為酸中毒（acidosis），會引發想吐、疲倦、呼吸急促（hyperpnea）等症狀。相反地，體液pH比7.45偏鹼的狀態稱為鹼中毒（alkalosis），會引發伴隨肌肉疼痛的痙攣。

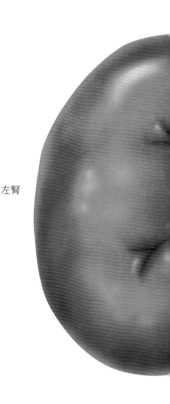

左腎

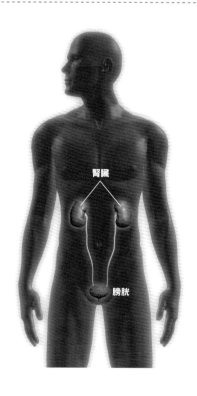

腎臟

膀胱

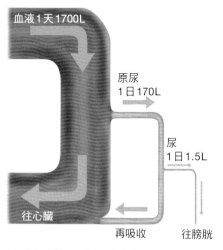

血液1天1700L

原尿
1日170L

尿
1日1.5L

往心臟

再吸收

往膀胱

腎臟每天要處理多達1700公升（每分鐘1.2公升）的血液。排出的尿只是其中的1.5公升而已。

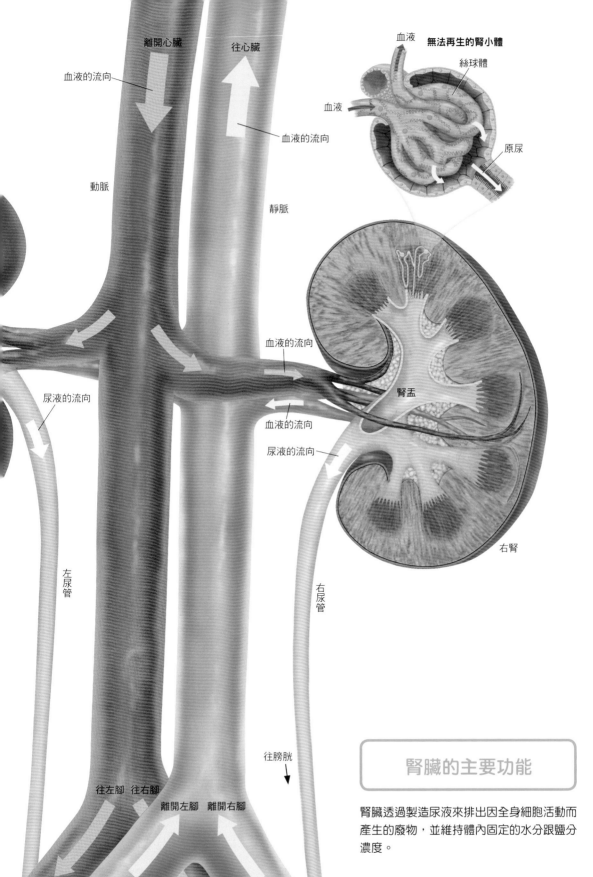

離開心臟

往心臟

血液的流向

血液

無法再生的腎小體

絲球體

血液

血液的流向

原尿

動脈

靜脈

血液的流向

腎盂

尿液的流向

血液的流向

尿液的流向

右腎

左尿管

右尿管

往膀胱

往左腳　往右腳

離開左腳　離開右腳

腎臟的主要功能

腎臟透過製造尿液來排出因全身細胞活動而產生的廢物，並維持體內固定的水分跟鹽分濃度。

蒸發時降低
體溫的汗

據說成人1天會從體內排出多達2.5公升的水，而這些水大多是尿跟汗。為了要補充尿或汗流失的水分，人會從飲水跟食物中攝取水分。

汗最重要的功能是調節體溫。從汗腺產生之後，分泌至皮膚表面。分泌出來的汗會蒸發，並從皮膚的體溫帶走蒸發所需的能量。特別是因運動或戶外活動而體溫上升時，會流出比平常多約10倍的汗來降低體溫。

正因為水是不易蒸發的液體，汗才能有效地降低體溫。蒸發是指獲得能量的液體分子切斷來自周圍液體分子的引力，並從液體的表面飛散的現象。水分子有互相強力鍵結著的氫鍵。因此要切斷這個鍵結，也就是要蒸發的話，必須耗費非常多的能量。

氣體的水
（水蒸氣）

角質層

表皮

真皮

人體排出的水量
人體 1 天會排出的水量大約是2.5公升。其中尿約1.5公升，汗約0.5公升，呼吸吐氣及糞便中所含的水分大約為0.5公升。

液體的水（汗）

氫鍵

汗腺

流汗降低體溫的機制

汗的主成分是水，是分子與分子間結合力很強的液體。
由於要蒸發時需要非常多的能量（汽化熱），所以汗能很
有效地降低體溫。順帶一提，汗的成分除了水之外，還
含有氯化鈉、鉀、丙酮酸、乳酸、糖、氨等物質。

水會從物質濃度低處往高處流動

要說到體內是如何吸收水分，重點就是「滲透壓」（osmotic pressure），這是指水會從物質濃度低處往高處流動的現象。例如，喝了比體液濃度還高的飲料（高張溶液，hypertonic solution）時，水會從腸子的體液流向飲料，體內要吸收水分就會花很多時間。相反地，像喝下白開水這種離子含量較少，也就是比體液濃度低的飲料（低張溶液，hypotonic solution）時，水會往腸子的體液流動，便會很快被吸收。

單就這個現象而言，會推論脫水症狀（dehydration）時要喝白開水會比較好。然而在脫水狀態的時候，體內忽然湧進大量的水，身體為了要平衡體液的濃度（滲透壓），反而會增加排尿以排出水分。因此在大量流失水分時，要喝離子濃度跟體內pH相近的飲料如運動飲料或食鹽水，才會很快恢復體內的水分量。

容易被身體吸收的運動飲料

運動飲料含有多種離子，包括鈉離子跟鉀離子（陽離子）、氯離子（陰離子）等。這些離子跟溶於血液及組織液的成分一樣，濃度也大致相同。

當我們流汗或腹瀉時，離子會跟著汗水跟腹瀉一起排出體外。體內的離子平衡是非常重要的，例如流了大量的汗，鈉等鹽分流失過多時，就會引發熱痙攣或熱暈厥等症狀（中暑）。因此在補充水分的同時，也必須要補充流失的離子跟糖分。

一般認為鹽分濃度約在0.1～0.2％是最理想的，而糖分濃度則是在2～8％時水分最好吸收。當然，也要注意不要過度補充鹽分跟糖分。

專欄 COLUMN　細胞與離子

細胞中含有細胞活動所需的多種物質，處在「高濃度」的狀態。水會因滲透壓原理由物質濃度低處往高處流動，從細胞外側湧進「高濃度」的細胞內。為了防止這個現象發生，細胞會不斷地向體內排出鈉離子，不過鈉離子也會跟著細胞活動所必須的物質進出一起進入細胞，所以不會流失殆盡。

滲透壓

礦泉水真的對身體有益嗎？

礦泉水會給人「含有比自來水更多的礦物質，有益健康」的印象。那礦泉水究竟是怎樣的水呢？

　　根據日本食品衛生法規定，礦泉水是指「僅以水為原料的清涼飲料水」。而且，1990年日本農林水產省發表的法規指出，礦泉水並不一定要含有豐富的礦物質（此處是指鈉跟鈣等會溶於水中的礦物質）。即便原料水是自來水，或是不含礦物質的水也好，只要飲用無虞的瓶裝水，標示為「礦泉水類」也沒有問題。

「○○水」有功效跟效果嗎？

　　市面上販售著很多種對健康有益的礦泉水跟「○○水」。但是，這些水似乎都沒有明確標示其功效跟效果為何。

　　以曾經蔚為流行的海洋深層水為例。由於取自光線照不到的深海，不會有浮游植物進行光合作用，所以海水仍含有氮跟磷等成分。但是，為了要把海洋深層水製造成飲用水，就必須要去除鹽分，而透過這項處理會

水中所含的鎂與鈣總量，稱為水的「硬度」，通常換算成碳酸鈣的含量來表示。根據台灣自來水公司定義，1公升水的碳酸鈣含量少於75毫克為軟水，含量150～300毫克的為硬水。而日本除了沖繩之外，其他幾乎都是軟水。硬度會影響水的味道，日本人大多喜愛喝軟水，很多人喝到硬水就會覺得苦澀。

流失礦物質，所以大多會在處理後再稍微添加一些濃縮的礦物質。這些產品實際上對健康有什麼好處並不清楚，只是單方面給人很健康的印象。

鹼性離子水也是號稱對健康有益的商品之一。一般來說，鹼性的水會跟酸性的水產生中和反應。1965年，日本厚生省（當時）認可鹼性離子水有抑制胃酸的功效。可是，1992年日本國民生活中心發表了質疑其制酸效果的實驗結果，據研究指出，鹼性離子水的鹼性很低，要達到跟1包胃藥相同程度的胃酸中和效果，需喝超過10公升才有效。

日本的水質管理
交由企業把關

日本跟歐美國家對於礦泉水的管理大相逕庭。日本無論是自來水或是不含礦物質的水，只要可飲用，都可以標示成礦泉水販售，而且甚至曾有市面上銷量很好的水來自住宅區地下水的案例，這些地下水用運輸車搬運至工廠殺菌並裝瓶。而法國等歐洲各國將水源周圍視為環境保護區，嚴格地管理水質，連採水都儘量不跟空氣接觸，直接裝瓶。雖然不會完全無菌。不過喝的人會覺得很天然。

而在日本，比起法律規定，大多交給企業管理。甚至有些人認為法律對自來水的管制還比較嚴格，比礦泉水還安全。而台灣則相反，對礦泉水的水源、處理方式等等，都有較嚴格的檢驗標準。

過去日本某些地區的自來水曾有霉味跟消毒水味，現已大幅改善了。特別是東京跟大阪等都會區的自來水引進臭氧處理及活性碳處理等綜合性的高度淨水處理，味道已改善許多。

雖說是礦泉水，但未必比自來水含有更多的礦物質。左圖為軟水的礦泉水與自來水的成分比較表，硬水的礦泉水會含有更多的礦物質。

名稱 天然礦泉水	
原料 水（礦泉水）內容量500mL	
有效期限○○○	原產地 法國
採水地 法國○○○○	
營養成分（每100mL）	
鈉……1.16 mg	
鈣……1.15 mg	
鎂……0.80 mg	
鉀……0.62 mg	

＊市售商品的案例

自來水

採自日本岡山縣倉敷市片島淨水場（2011年）

成分（每100mL）
鈉……3.09 mg
鈣……1.41 mg
鎂……0.49 mg
鉀……0.36 mg

資料提供　倉敷市水道局

礦泉水的種類

1990年日本農林水產省制定法規。將裝瓶的飲用水定義為「瓶裝水」，並可以當礦泉水類來販賣。

礦泉水的種類

天然水
只做沉澱、過濾、加熱殺菌處理的水

天然礦泉水
保留天然礦物質的天然水（品名如礦水或礦泉水）

礦泉水
以天然礦泉水為原料水，再進行人工調整礦物質的水（包括礦物質成分的調整，還有跟不同原水混合等情況）

瓶裝水
上述3種以外的水，不限處理方法的飲用水（原料水也可以是自來水）

腦會利用離子傳遞訊號

據說人的腦中有1000億個稱為「神經元」（neuron）的神經細胞。腦依靠這些神經元維持運作，我們會思考、揮手，是因為腦內神經元內藉由鈉離子流入在傳遞多種訊號。

負責傳輸訊號的軸突（axon），表面有稱為「鈉離子通道」的開關式小孔（1），當這個小孔開啟時，帶電的鈉離子就會從細胞外側一口氣流進去（2），透過這樣的方式，軸突

內部產生局部性的電流（3），其相鄰的鈉離子通道就會感應到電流並開啟小孔（4），讓新一批的鈉離子流入。軸突會透過這樣的連鎖反應來傳遞電訊號。我們腦內神經元的軸突，傳遞電訊號的速度最快可達每秒100公尺。

＊為簡化說明，這裡只針對軸突做解釋。

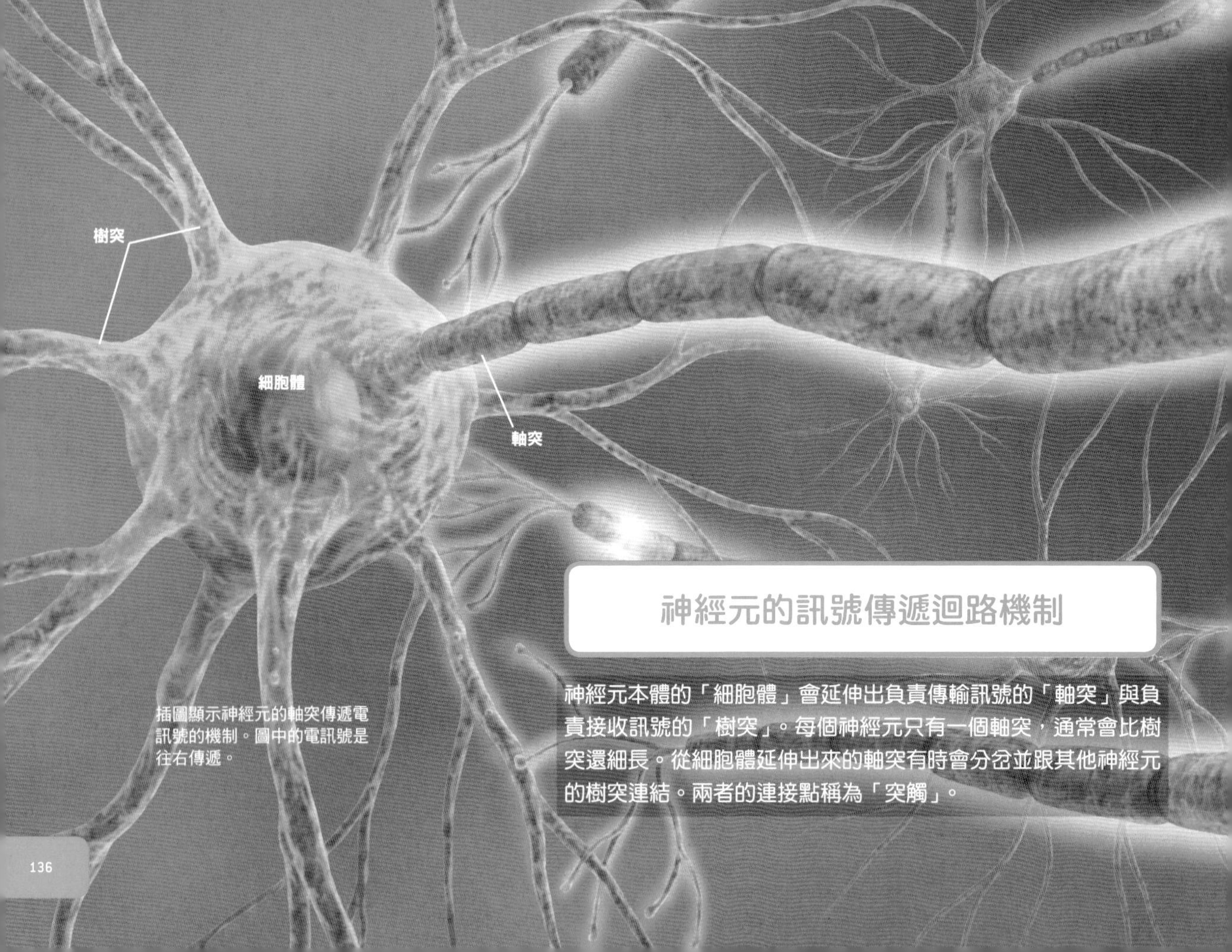

樹突

細胞體

軸突

插圖顯示神經元的軸突傳遞電訊號的機制。圖中的電訊號是往右傳遞。

神經元的訊號傳遞迴路機制

神經元本體的「細胞體」會延伸出負責傳輸訊號的「軸突」與負責接收訊號的「樹突」。每個神經元只有一個軸突，通常會比樹突還細長。從細胞體延伸出來的軸突有時會分岔並跟其他神經元的樹突連結。兩者的連接點稱為「突觸」。

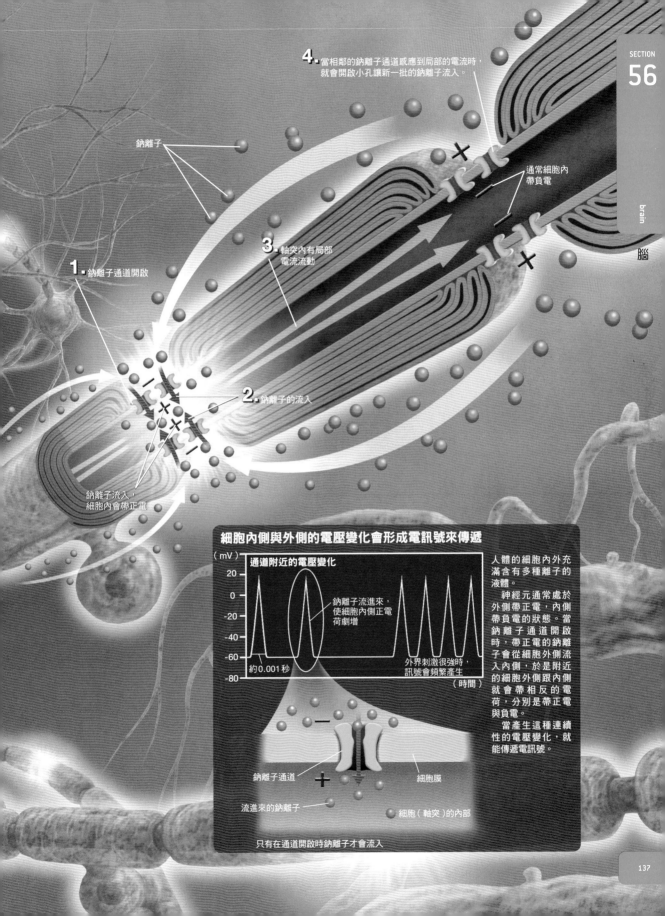

4. 當相鄰的鈉離子通道感應到局部的電流時，就會開啟小孔讓新一批的鈉離子流入。

鈉離子

通常細胞內帶負電

3. 軸突內有局部電流流動

1. 鈉離子通道開啟

2. 鈉離子的流入

鈉離子流入，細胞內會帶正電

細胞內側與外側的電壓變化會形成電訊號來傳遞

（mV）

通道附近的電壓變化

20
0
-20
-40
-60
-80

約 0.001 秒

鈉離子流進來，使細胞內側正電荷劇增

外界刺激很強時，訊號會頻繁產生

（時間）

鈉離子通道

細胞膜

流進來的鈉離子

細胞（軸突）的內部

只有在通道開啟時鈉離子才會流入

人體的細胞內外充滿含有多種離子的液體。

神經元通常處於外側帶正電，內側帶負電的狀態。當鈉離子通道開啟時，帶正電的鈉離子會從細胞外側流入內側，於是附近的細胞外側跟內側就會帶相反的電荷，分別是帶正電與負電。

當產生這種連續性的電壓變化，就能傳遞電訊號。

熱覺或痛覺是由離子傳遞

皮膚具備感受壓力或振動的「觸覺」、感受溫度的「溫覺」及感受組織受傷的「痛覺」。游離神經末梢（free nerve ending）為神經元的末梢，負責感受溫覺、痛覺及一部分的觸覺，其亦有許多不同的特性，有只感受溫度的，也有溫度跟受傷都能感受的。

會產生這些不同的感受性，跟讓不同離子通過的「離子通道」有關。游離神經末梢有多種不同的離子通道，例如位於皮膚跟口腔內的部分游離神經末梢，具有一種名為「TRP V1」的離子通道，TRP V1會因多種不同刺激而開啟並讓離子通過，主要感受43℃以上的溫度，還有辣椒所含辣味成分辣椒素（capsaicin）以及酸味等。也就是說，感覺熱、辣、痛的機制是相同的。

據說TRP V1家族共有10種，包括儘在超過約30℃時才開啟通道的「TRP V4」，只有低於28℃時才開啟通道的「TRP M8」等。每一種所負責的溫度範圍各異，彷彿打造了一支「溫度計」。一般認為這正是感受溫度的機制。

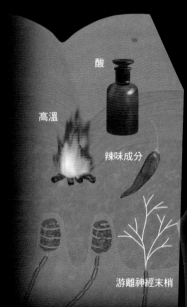

高溫

酸

辣味成分

末梢放大圖

游離神經末梢

傳遞溫度跟痛覺的游離神經末梢

辣味成分的辣椒素會引發燒燙傷般疼痛感（灼熱痛）的流程圖。游離神經末梢是被細胞膜包覆的結構。位於其表面的離子通道「TRP V1」與「ANO1」會連續開啟。TRP V1會對高溫有反應，只有TRP V1也會發出電訊號（1～2），只有這個訊號也會產生疼痛，而透過ANO1的連動，則會引發燒燙傷般的疼痛感（3～4）。

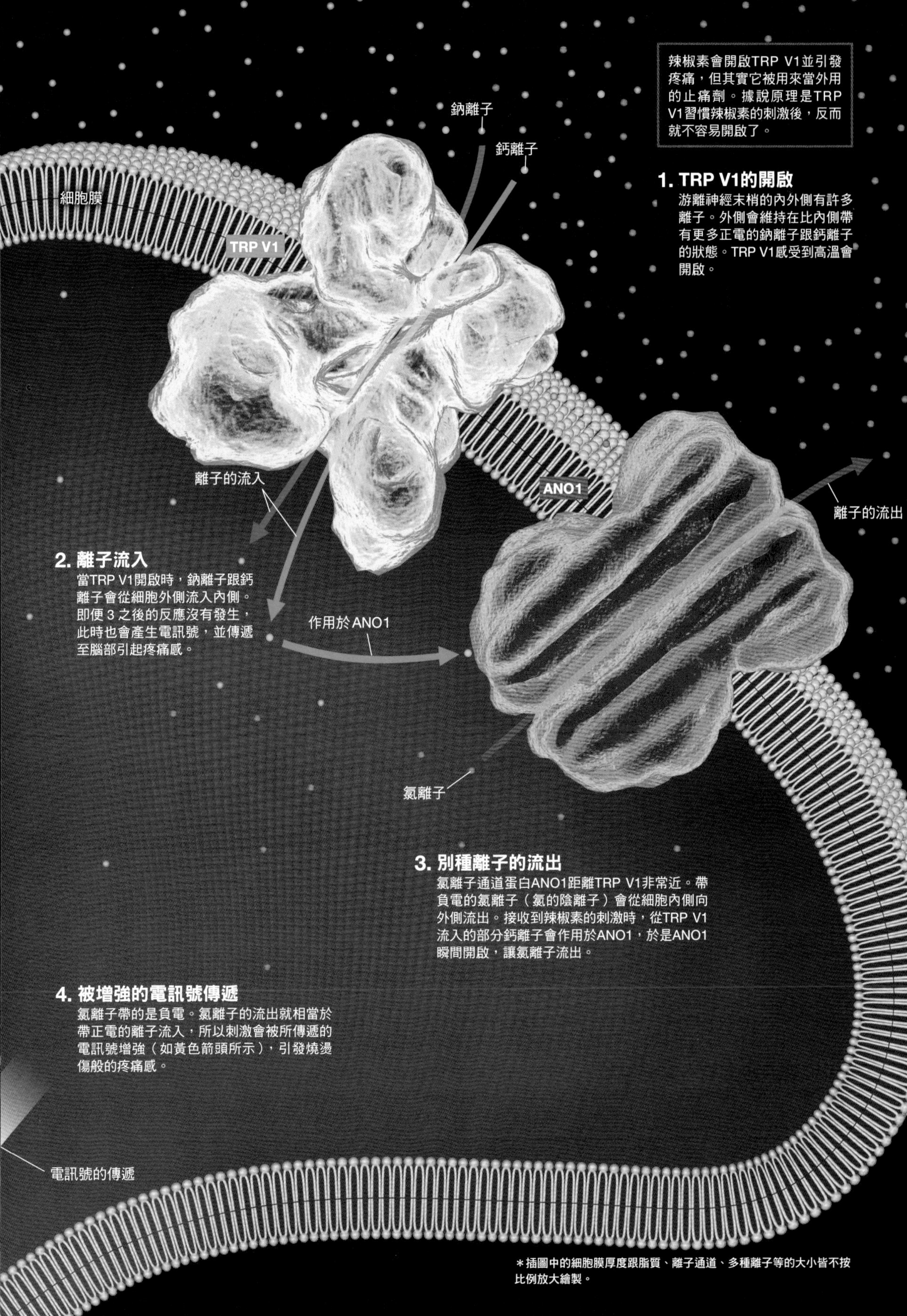

辣椒素會開啟TRP V1並引發
疼痛，但其實它被用來當外用
的止痛劑。據說原理是TRP
V1習慣辣椒素的刺激後，反而
就不容易開啟了。

鈉離子

鈣離子

細胞膜

TRP V1

離子的流入

ANO1

離子的流出

1. TRP V1的開啟

游離神經末梢的內外側有許多
離子。外側會維持在比內側帶
有更多正電的鈉離子跟鈣離子
的狀態。TRP V1感受到高溫會
開啟。

2. 離子流入

當TRP V1開啟時，鈉離子跟鈣
離子會從細胞外側流入內側。
即便 3 之後的反應沒有發生，
此時也會產生電訊號，並傳遞
至腦部引起疼痛感。

作用於ANO1

氯離子

3. 別種離子的流出

氯離子通道蛋白ANO1距離TRP V1非常近。帶
負電的氯離子（氯的陰離子）會從細胞內側向
外側流出。接收到辣椒素的刺激時，從TRP V1
流入的部分鈣離子會作用於ANO1，於是ANO1
瞬間開啟，讓氯離子流出。

4. 被增強的電訊號傳遞

氯離子帶的是負電。氯離子的流出就相當於
帶正電的離子流入，所以刺激會被所傳遞的
電訊號增強（如黃色箭頭所示），引發燒燙
傷般的疼痛感。

電訊號的傳遞

＊插圖中的細胞膜厚度跟脂質、離子通道、多種離子等的大小皆不按
比例放大繪製。

生命的核心零件
由碳組合而成

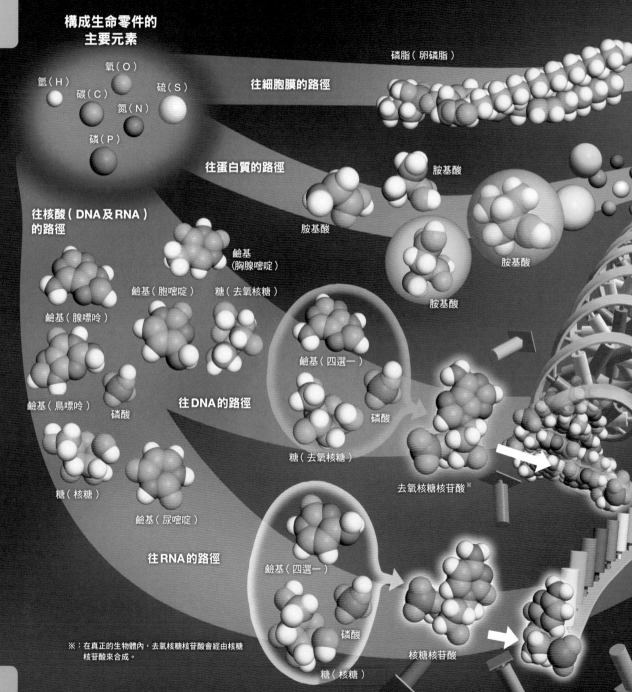

構成生命零件的
主要元素

氫（H）　氧（O）　硫（S）
碳（C）　氮（N）
磷（P）

磷脂（卵磷脂）

往細胞膜的路徑

往蛋白質的路徑

胺基酸

胺基酸

胺基酸

胺基酸

往核酸（DNA及RNA）
的路徑

鹼基
（胸腺嘧啶）

鹼基（胞嘧啶）　糖（去氧核糖）

鹼基（腺嘌呤）

鹼基（四選一）

鹼基（鳥嘌呤）　磷酸

往DNA的路徑

磷酸

糖（去氧核糖）

去氧核糖核苷酸※

糖（核糖）

鹼基（尿嘧啶）

往RNA的路徑

鹼基（四選一）

磷酸

核糖核苷酸

糖（核糖）

※：在真正的生物體內，去氧核糖核苷酸會經由核糖
　　核苷酸來合成。

所 有的生命體包括人類，都是由「細胞」構成。構成細胞的複雜生命零件全都以碳為主，再加上氫、氧、氮等元素組合而成。

磷脂是細胞膜的主要材料。分子中具有親水性的部分（親水基，hydrophilic group）及疏水性的部分（疏水基，hydrophobic group）。磷脂疏水的部分朝內，以三明治的形狀般排列成細胞膜。

DNA是基因的本體，RNA的作用則是根據DNA具有的遺傳訊息來合成蛋白質。DNA的遺傳訊息會被RNA複製，RNA再依據訊息生產出蛋白質。

蛋白質是由20種胺基酸像念珠般串連所形成的分子，細胞的乾重約有一半是蛋白質。蛋白質的作用是形成身體結構，產生身體內促進化學反應的酵素，以及血液中的血紅素等。

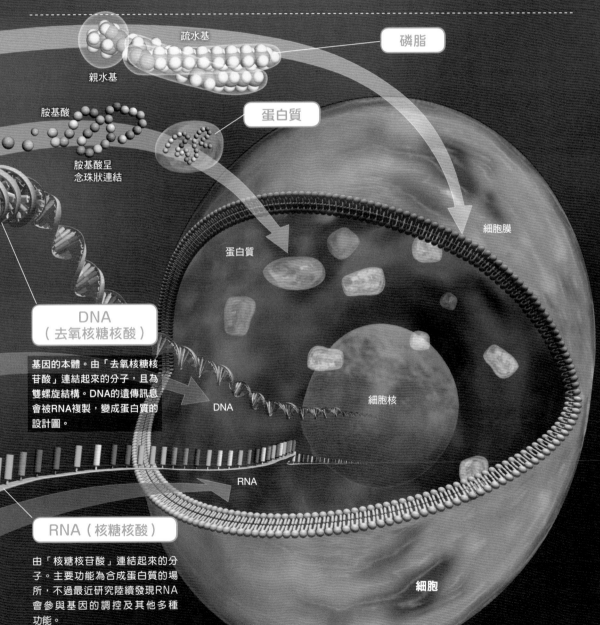

疏水基

磷脂

親水基

胺基酸

蛋白質

胺基酸呈
念珠狀連結

細胞膜

蛋白質

DNA
（去氧核糖核酸）

基因的本體。由「去氧核糖核苷酸」連結起來的分子，且為雙螺旋結構。DNA的遺傳訊息會被RNA複製，變成蛋白質的設計圖。

DNA

細胞核

RNA

RNA（核糖核酸）

由「核糖核苷酸」連結起來的分子。主要功能為合成蛋白質的場所，不過最近研究陸續發現RNA會參與基因的調控及其他多種功能。

細胞

DNA的氫鍵是生存不可或缺的

掌 管生物遺傳的「DNA」（去氧核糖核酸，deoxyribonucleic acid）是由2條相同構造的鏈平行結合，纏繞成螺旋狀的高分子。高分子是指結合的原子數超過1000的分子。1條DNA鏈是由多達數千個去氧核糖（deoxyribose）及磷酸、含氮鹼基（nitrogenous base，一般稱為鹼基）所形成的基本單位，意即去氧核糖核苷酸（deoxyribonucleotide）連結而成。

要把2條DNA鏈綑在一起，就需要靠鹼基對之間的氫鍵（詳見第46頁），氫鍵可說是生物生存不可欠缺的鍵結。

為了要將DNA傳承給後代，就一定要複製DNA。而DNA在複製時，2條DNA鏈必須要鬆開讓RNA複寫遺傳訊息。綑住2條DNA鏈的氫鍵強度只有共價鍵的約10分之1[※]。因此，必要時很容易就能打開或關閉這2條DNA的鏈。

※：原子跟原子之間因共用電子而鍵結的共價鍵強度，1莫耳約500千焦耳。相對地，氫鍵的強度1莫耳約10～40千焦耳。

以2個氫鍵鍵結的胸腺嘧啶跟腺嘌呤

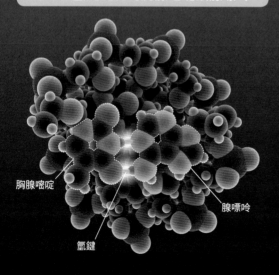

胸腺嘧啶

腺嘌呤

氫鍵

以3個氫鍵鍵結的胞嘧啶跟鳥嘌呤

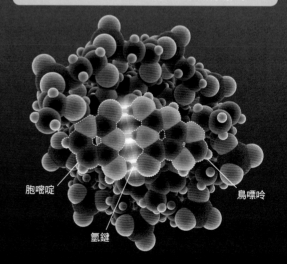

胞嘧啶

鳥嘌呤

氫鍵

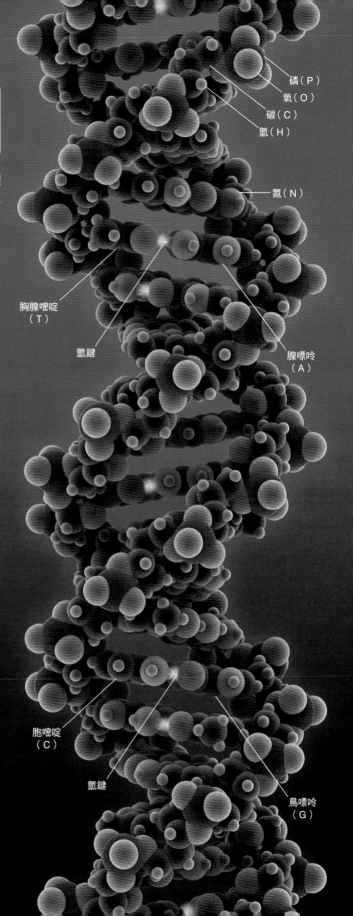

2條DNA鏈
可以開或關

我們要把DNA傳承給後代就必須複製
DNA，而為了要製造蛋白質來利用DNA上
的遺傳訊息，就必須要打開2條DNA鏈。
氫鍵的強度剛剛好適合開關DNA鏈。

磷（P）
氧（O）
碳（C）
氫（H）

氮（N）

胸腺嘧啶
（T）

氫鍵

腺嘌呤
（A）

DNA鹼基的氫鍵

DNA的鹼基共有腺嘌呤（A）、鳥嘌呤（G）、
胞嘧啶（C）、胸腺嘧啶（T）等4種，排列成
的順序就是生命的遺傳訊息。鹼基位於2條
DNA鏈的內側，並以氫鍵鍵結，DNA的氫
鍵由固定的鹼基對鍵結。如左圖中DNA的胸
腺嘧啶跟腺嘌呤會形成氫鍵，而胞嘧啶會跟
鳥嘌呤亦會形成氫鍵。

胞嘧啶
（C）

氫鍵

鳥嘌呤
（G）

COLUMN

洗髮精跟潤絲精有何差異？

兩者之間的差異在於洗髮精是把頭髮洗乾淨，而潤絲精則是提升頭髮的觸感，不過兩者都含有的「界面活性劑」（surfactant），為清潔劑洗去髒汙必要的成分。

頭髮的髒汙跟臭味主要來自頭皮分泌的油脂。由於油難溶於水，無法簡單地用水沖掉。而界面活性劑的成分包括親水性的部分（親水基）及疏水性的部分（疏水基），因此用它連結起油跟水，就容易被水沖掉了。以普通的中性洗髮精跟潤絲精為例：將洗髮精抹在有油汙的頭髮上時，界面活性劑的疏水基會跟油汙結合。當跟油汙結合的界面活性劑成分愈多時，油汙會慢慢地從頭髮剝離，最後被界面活性劑的成分所包圍。

而且，構成頭髮的蛋白質如角蛋白（keratin），在周圍環境為中性或鹼性時會帶負電。也就是說，使用中性洗髮精時頭髮表面會帶負電。其實，中性洗髮精所含的界面活性劑成分中的親水基也帶負電，所以頭髮跟界面活性劑的成分會互斥。因此，界面活性劑包圍的油汙不容易再度附著於頭髮上，就能輕鬆沖掉了。

潤絲精作用於頭髮的機制

另一方面，經常會跟中性洗髮精一起使用的潤絲精，其界面活性劑的親水基帶的是正電。帶正電的界面活性劑會跟帶負電的頭髮互相吸引，並包覆於頭髮表面。此時，界面活性劑的疏水基會朝向頭髮外側並排，由於疏水基具有親油的特性，所以頭髮的觸感會變得滑順。

護髮乳作用於頭髮的機制

為了提高頭髮的保溼力，很多人都會用護髮乳吧！使用洗髮精的時候，頭髮表面會帶負電，水中所含的鈉離子等帶正電的粒子（離

洗髮精跟潤絲精的差異

洗髮精

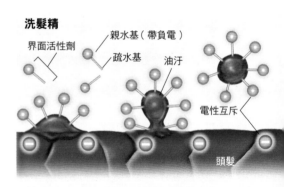

界面活性劑　親水基（帶負電）　疏水基　油汙　電性互斥　頭髮

潤絲精

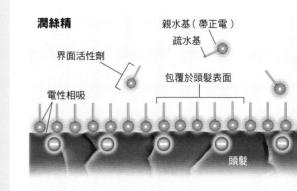

界面活性劑　親水基（帶正電）　疏水基　包覆於頭髮表面　電性相吸　頭髮

子）會跟水分子一起被頭髮吸引過來。這些粒子會滲透進非常微小的毛髮裡，使毛髮膨脹，包覆於毛髮表面的角質層（cuticle）就會擴張。當角質層擴張時，頭髮內部的天然保溼因子（Natural Moisturizing Factor，NMF）如胺基酸、吡咯啶甲酸（pyrrolidinecarboxylic acid）、尿酸、礦物質、有機酸等保溼成分就會流失。

護髮乳含有胺基酸跟蛋白質，跟天然保溼因子的成分類似。用洗髮精洗淨後，讓護髮乳的成分滲透進頭髮擴張的角質層間隙，便能補充洗髮所流失的水分。

除了潤絲精跟護髮乳之外，還有所謂的「潤髮乳」。潤髮乳原本是指含有護髮成分的潤絲精。不過現在的潤絲精添加了許多種成分，所以潤絲精跟潤髮乳幾乎可以說是一樣的東西。

使用洗髮精時，界面活性劑會包覆油汙並將其加以清除。由於洗髮精的界面活性劑的親水基帶負電，所以界面活性劑包覆的油汙會跟帶負電的頭髮產生電性互斥而容易被沖掉。另一方面，潤絲精的界面活性劑因為帶正電，所以會跟帶負電的的頭髮相吸而包覆於頭髮表面。由於疏水基會朝向頭髮外側排列，所以頭髮整體摸起來的觸感會很滑順。

護髮乳的功能

頭髮的構造

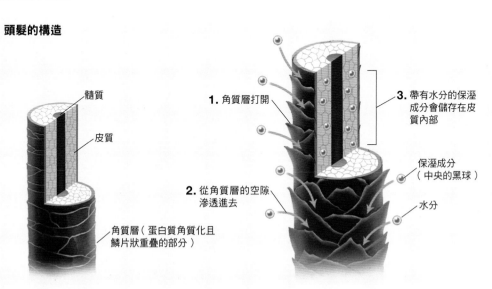

頭髮大致分成角質層、皮質、髓質等3層結構。洗髮時，角質層會擴張，內部的保溼成分有時會流失。當使用護髮乳時，其保溼成分會從擴張的角質層滲透進去，補充皮質內的保溼成分並提高保溼力。

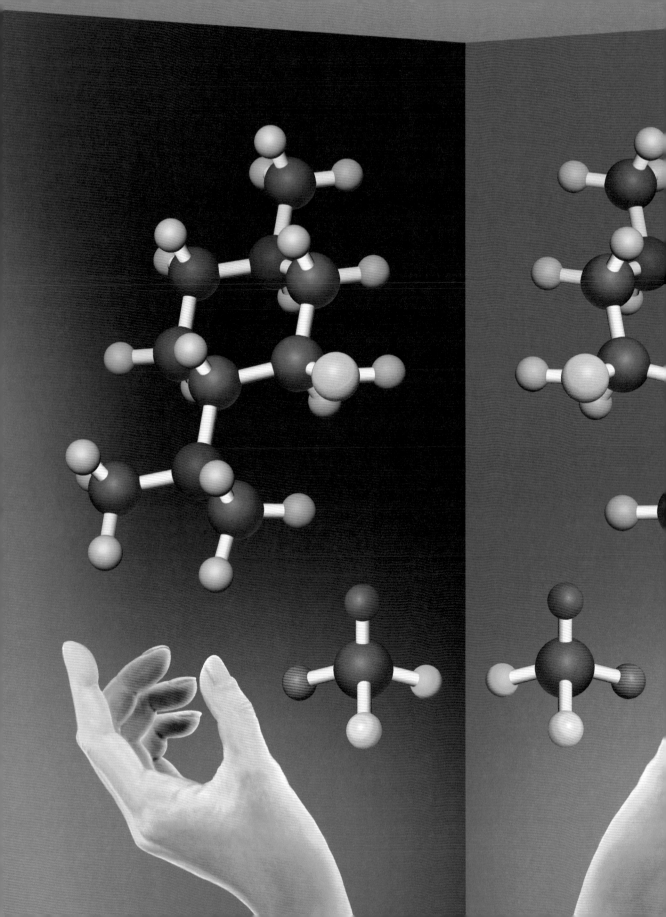

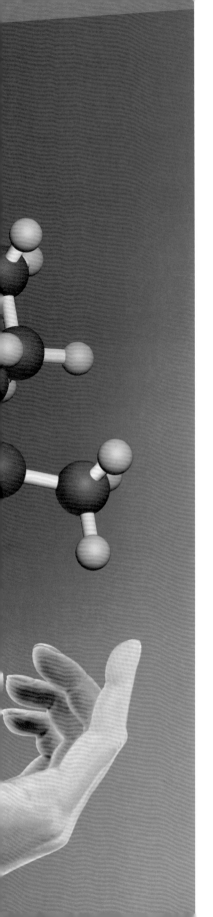

4

化學與科技
Chemistry and Technology

電池中正在發生氧化還原反應

世界第一個電池發明至今,已有200多年(詳見第84頁)。電池藉由連接導線,讓在不同地方釋出電子的氧化反應與接受電子的還原反應,得以透過化學反應來產生電力。相對於使用液狀電解液的電池,另一種是讓綿布或紙張吸收電解液而呈現漿糊狀,方便攜帶的「乾電池」,屋井乾電池是1887年日本鐘錶師傅屋井先藏獨步全球的發明。有了乾電池,我們才得以隨身攜帶各式各樣的電器。

電池的電壓(電動勢,electromotive force)決定於電池的正極與負極使用什麼材料。例如「鋅錳乾電池」的正極用二氧化錳、負極用鋅,電壓為1.5伏特,而「鹼性電池」的電解質使用氫氧化鉀,使電流容易流通,電動勢雖跟鋅錳乾電池相同,但續航力佳是其最大優點。

各式各樣的電池種類

	一次電池:利用化學反應的拋棄式電池			
		負極	正極	電壓
化學電池	鋅錳乾電池	鋅	二氧化錳	1.5V
	鹼性電池	鋅	二氧化錳	1.5V
	鋰電池	鋰	二氧化錳	3.0V
	鋅空氣電池	鋅	氧	1.3V
	二次電池:利用化學反應的可充電電池			
		負極	正極	電壓
	鉛蓄電池	鉛	二氧化鉛	2.0V
	鎳鎘電池	鎘	氫氧化鎳	1.2V
	鎳氫電池	儲氫合金	氫氧化鎳	1.2V
	鋰離子電池	石墨	鋰鈷氧化物	3.7V
	燃料電池:由氫作為燃料與氧反應產生電力的裝置			
物理電池	光電池:利用光照可通電的物質,將能量轉換為電力的裝置(例如太陽能電池)。			
	熱電池:將物質的溫度轉換成電力的裝置。			
	核電池:利用放射性物質釋出的放射線來獲得電力的裝置。其壽命很長,通常會安裝在宇宙探測器上。			
生物電池	酵素電池:固體酵素,在室溫等方便使用的條件下,葡萄、甲醇、氫等燃料藉酵素進行化學反應來獲得電力的裝置。			
	微生物電池:利用微生物進行酵素電池般反應的裝置。			

不論哪種電池(化學電池),其反應機制都是相同的。都會透過反應的發生,即負極釋出電子,正極接受電子,才能從電池獲取電力。為了使正極跟負極發生反應,其周圍必須有離子(電解質)。電池為了防止正負極短路,通常會放一片隔板阻絕電流,並區隔正極與負極。

鋅錳乾電池

鋅錳乾電池的正極為二氧化錳，負極為鋅。負極的鋅會於電極釋出電子變成鋅離子，所以帶負電。而正極方面由1支碳棒輔助二氧化錳接受電子，所以會帶正電。因此，連接兩極便會通電。

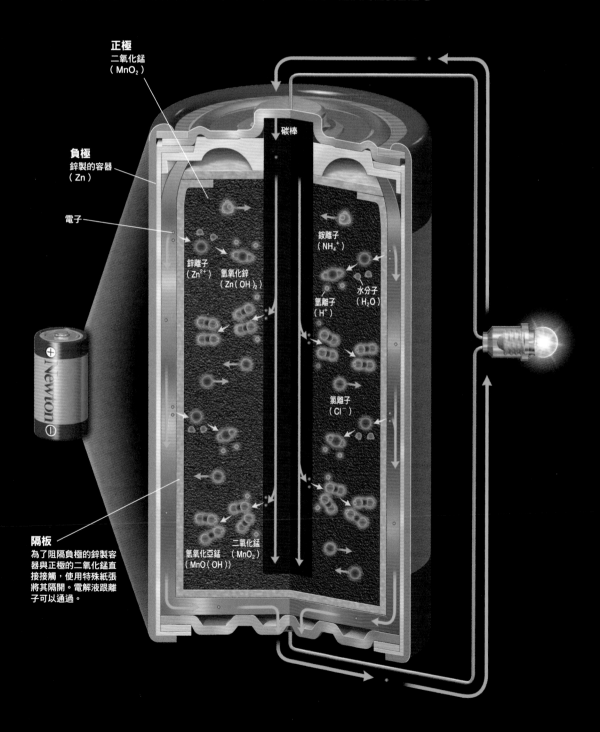

正極
二氧化錳
（MnO_2）

碳棒

負極
鋅製的容器
（Zn）

電子

銨離子
（NH_4^+）

鋅離子
（Zn^{2+}）

氫氧化鋅
（$Zn(OH)_2$）

氫離子
（H^+）

水分子
（H_2O）

氯離子
（Cl^-）

隔板
為了阻隔負極的鋅製容器與正極的二氧化錳直接接觸，使用特殊紙張將其隔開。電解液跟離子可以通過。

氫氧化亞錳
（$MnO(OH)$）

二氧化錳
（MnO_2）

實現電器小型化與輕量化的鋰離子電池

乾 電池在19世紀後半葉發明出來後，實用性大大提升。以前的電池是使用液體的電解質，攜帶不便，還混合了一些石膏粉末加以改良[※]，儘量避免液體溢出。

行動裝置絕對少不了鋰離子電池。例如，需要好幾個鎳氫電池才能驅動的機器，只要1顆鋰離子電池就能驅動。智慧型手機跟電腦能像現在這樣小型化與輕量化，可說是拜鋰離子電池所賜。

原本，鋰就是離子化傾向（ionization tendency）（詳見第152頁）最強且最輕的金屬，一直被認為是電池的高電壓化與小型輕量化所必須的負極元素。另一方面，金屬鋰的活性大，只要接觸一點點水分就會劇烈反應，釋放出熱量並產生氫氣，以致於有著火的危險。因此，1970年代雖然首次販賣負極為金屬鋰的一次電池，不過做成二次電池的危險性太高，便未能普及。

鋰離子電池的誕生

鋰離子電池誕生的契機是日本旭化成公司的吉野彰（1948～）博士，想到要用可通電流的塑膠材料聚乙炔（polyacetylene）來作負極。為了要製作以聚乙炔為負極的高性能鋰二次電池，就必須將鋰置於正極。1982年，吉野博士發現他所需的材料（鋰鈷氧化物：$LiCoO_2$）居然出現正在英國牛津大學留學的水島公一博士發表的論文裡面。這個正極材料造就了突破性的進展，吉野博士因此發明了現在鋰離子電池的雛型。

美國物理學家古迪納夫（John Goodenough，1922～）與英國化學家惠廷翰（Stanley Whittingham，1941～）、吉野彰因為對鋰離子電池的發明與實用化有極大貢獻，成為了2019年的諾貝爾化學獎得主。

※：雖然最早發明乾電池的是屋井先藏，但最先取得專利是德國的岡斯納（Carl Gassner，1855～1942）。

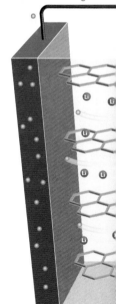

鋰離子電池

鋰離子電池是一種小型但容量大（能量密度高），電壓高達3.7伏特的可充電二次電池。正極為鋰鈷氧化物，負極為碳，透過鋰離子穿梭於碳層及鋰鈷氧化物層之間，便能進行放電與充電。

※：根據用途不同，用料略有差異。這裡以一般材料繪製。

鋰離子電池

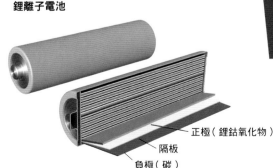

正極（鋰鈷氧化物）
隔板
負極（碳）

古代人曾使用過電池？

據說西元前3世紀左右就已經有電池了。考古團隊在伊拉克首都巴格達郊區的胡雅特拉布（Khujut Rabu）遺跡中，發現很多名為「巴格達電池」的遺物。其結構是在高約14公分的陶器中裝入銅管，並在銅管插上鐵棒。電解質似乎是使用紅酒或醋裝入瓶中。

透過巴格達電池的復原實驗，明白它確實具備電池的功能。也有人主張巴格達電池有鍍上金或銀，但實際上巴格達電池是否曾被當作電池使用，未有定論。

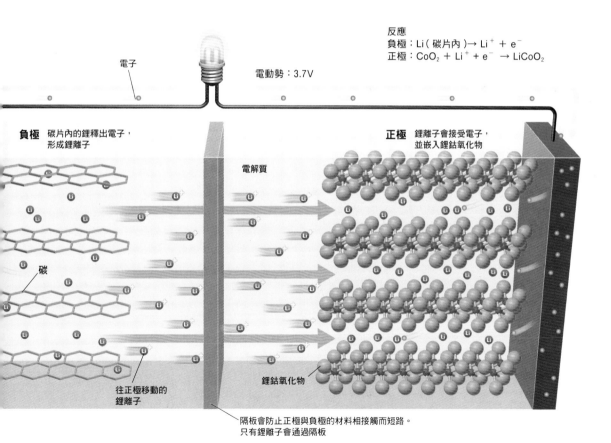

反應
負極：Li（碳片內）→ Li$^+$ + e$^-$
正極：CoO$_2$ + Li$^+$ + e$^-$ → LiCoO$_2$

電子

電動勢：3.7V

負極 碳片內的鋰釋出電子，
形成鋰離子

電解質

正極 鋰離子會接受電子，
並嵌入鋰鈷氧化物

碳

往正極移動的
鋰離子

鋰鈷氧化物

隔板會防止正極與負極的材料相接觸而短路。
只有鋰離子會通過隔板

放電時負極中的鋰會被奪走電子，形成鋰離子。鋰離子會朝正極移動並接受電子，透過嵌入鋰鈷氧化物來通電。充電時，會發生與這相反的逆反應。

金屬的組合方式
能影響電壓高低

將金屬放入電解液（溶有離子的液體）時，金屬會傾向釋出電子並形成陽離子。容易變成陽離子的程度依金屬而異，這個程度會以「離子化傾向」來表示。

例如在比較鋅（Zn）跟銅（Cu）時，將鋅板跟銅板以導線連接並放入稀硫酸（H_2SO_4），較容易變成陽離子的鋅會釋出電子（e^-）變成鋅離子（Zn^{2+}），溶進電解液中（此時，鋅板放出的電子會流向銅板）。另一方面，銅不易變成陽離子，所以銅板的表面會有水溶液中的氫離子（H^+）接收從導線另一端移動過來的電子並變成氫原子，2個氫原子結合便會形成氫分子（H_2）。

像這樣容易變成陽離子的金屬，其電子流向不易變成陽離子的金屬，就會產生電流。離子化傾向較大的金屬跟離子化傾向較小的金屬互相組合的話，也有可能製造出電壓更高的電池。

用 1 日圓硬幣跟10日圓硬幣能使LED發光？
使用1日圓硬幣（鋁）跟10日圓硬幣（銅），理論上也有可能製成電池。將這兩枚硬幣之間夾一條浸泡過鹽水的布或紙並堆疊起來，再連接上導線，也能變成「電池」使LED發光。

＊不過損毀硬幣會觸法，不要拿真的硬幣嘗試。
＊台灣的硬幣成分以銅為主。

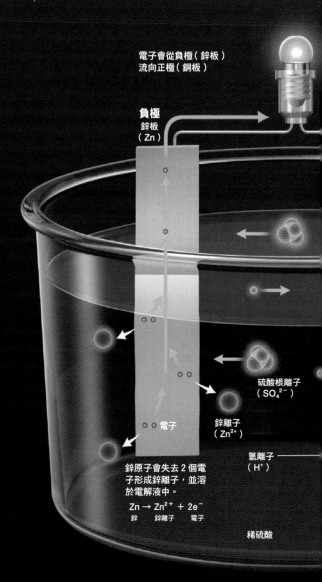

電子會從負極（鋅板）
流向正極（銅板）

負極
鋅板
（Zn）

硫酸根離子
（SO_4^{2-}）

鋅離子
（Zn^{2+}）

電子

氫離子
（H^+）

鋅原子會失去2個電子形成鋅離子，並溶於電解液中。
$$Zn \rightarrow Zn^{2+} + 2e^-$$
鋅　　鋅離子　　電子

稀硫酸

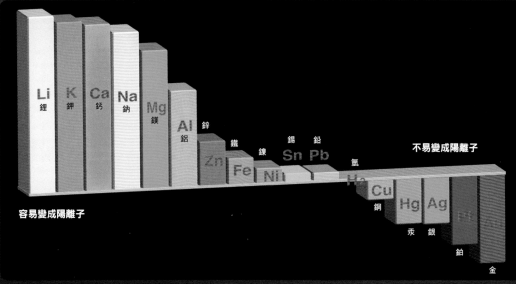

容易變成陽離子

不易變成陽離子

各種金屬的離子化傾向各異

離子化傾向由大排列至小的「離子化序列」，是在考慮金屬反應上非常重要的參考資料，例如電池。

離子化傾向比氫還大（更容易變成陽離子）的金屬，通常會當負極。相反的則通常會當正極。離子化傾向差異愈大，愈能製造出高電壓的電池，只不過，由於鋰跟鉀遇水會產生非常危險的爆炸反應，所以難以應用於含水形式的電池內。

＊上圖是根據標準電極電位（以氫氣當標準，並顯示是否比氫氣容易離子化的比較值）繪製而成。另外，圖是為了配合離子化傾向的大小而繪製，實際上電位的縱軸值應該要正負顛倒。

正極
銅板
（Cu）

氫分子
（H₂）

氫離子
（H⁺）

氫離子會接受電子形成氫原子，
2個氫原子結合會變成氫分子。

2H⁺ ＋ 2e⁻ → H₂
水氫離子　電子　氫分子

當2種金屬連接時就會通電

相連的鋅板跟銅板浸泡於稀釋酸的示意圖，透過電子從「容易變成離子的金屬（負極）」流向「不易變成離子的金屬（正極）」來通電，另外電流的方向跟電子的流動方向相反。

將水通電就會產生氫跟氧

時 值1800年，英國的外科醫生卡萊爾（Anthony Carlisle，1768～1840）與化學家尼克遜（William Nicholson，1753～1815）一起組裝剛發明不久的伏打電池（伏打堆）。據說裝完電池的二人，為了要電池的電極與導線之間接觸良好，就在電極跟導線的接觸端滴了 1 滴水。在當時，為改善迴路的接觸點而滴水是很普遍的作法。於是他們開始進行迴路通電的實驗，二人偶然在實驗過程中發現滴在接觸點的水，會一直

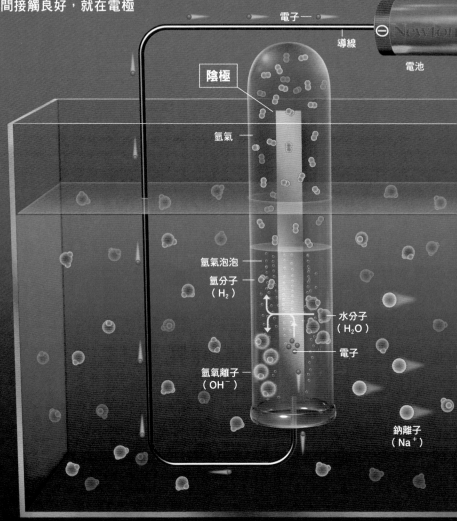

電子

導線

電池

陰極

氫氣

氫氣泡泡

氫分子
（H_2）

水分子
（H_2O）

電子

氫氧離子
（OH^-）

鈉離子
（Na^+）

A. 產生氫氣（陰極）

水分子（H_2O）會從陰極接受電子，分解成氫原子（H）跟氫氧離子（OH^-）。由於從水分子分解出來的氫原子很不穩定，2 個氫原子馬上就會結合成穩定的氫分子。這些氫分子就是氣體的氫。氫分子會聚集成氣泡，累積於蓋住陰極的試管

產生數不清的小氣泡。後來才知道這些小氣泡是因為通電而產生的氫氣。

水通電後，水分子（H_2O）會被分解並產生氣體的氫（H_2）跟氧（O_2），這個反應稱為「水的電解」。一般認為最早發現氫氣跟電有關係的人就是卡萊爾跟尼克遜。

水的電解

要電解水的時候，必須先要有電解質溶於水，因為純水不導電。將當作電解質的硫酸鈉（Na2SO4）溶於水並通電時，水分子會被電解。陰極會產生氫氣（**A**），陽極會產生氧氣（**B**）。而且，水中的硫酸鈉會分解成鈉離子跟硫酸根離子並移動（**C**）。

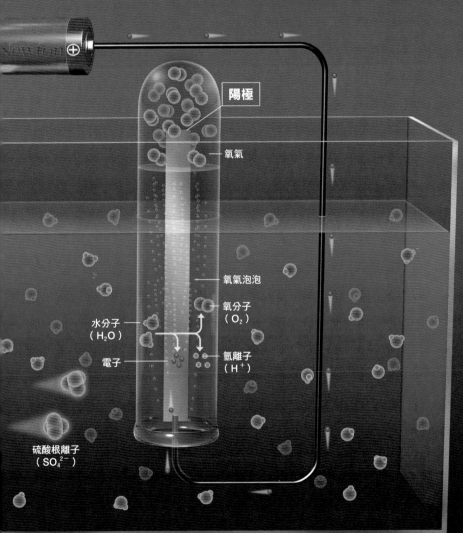

陽極

氧氣

氧氣泡泡

氧分子（O_2）

水分子（H_2O）

電子

氫離子（H^+）

硫酸根離子（SO_4^{2-}）

C. 鈉離子與硫酸根離子的移動

從硫酸鈉（Na_2SO_4）分解出來的鈉離子（Na^+）與硫酸根離子（SO_4^{2-}）會溶於水溶液中。在開始電解水的同時，鈉離子朝陰極方向，硫酸根離子朝陽極移動，而陰極與陽極周圍的水溶液會維持在電中性。

B. 產生氧氣（陽極）

水分子（H_2O）會從陽極釋出電子，釋出電子的水分子會分解為氧原子（O）跟氫離子（H^+）。由於從水分子分解出來的氧原子很不穩定，所以2個氧原子會馬上結合成穩定的氧分子（O_2）。這些氧分子就是氧氣。氧分子會聚集成氣泡，累積於蓋住陽極的試管中。

從氫跟氧產生電力
的燃料電池

磷酸型燃料電池的原理

將氫氣送到負極後，氫會傳遞電子給負極，變為氫離子（**A-1**、**A-2**）；將氧氣送到正極後，氧會從正極接收電子變為氧離子（**B-1**、**B-2**）。於水溶液中，氫離子會朝正極移動（**C**）。用導線將負極與正極連接起來，電子便會由負極朝著正極移動（**D**）。

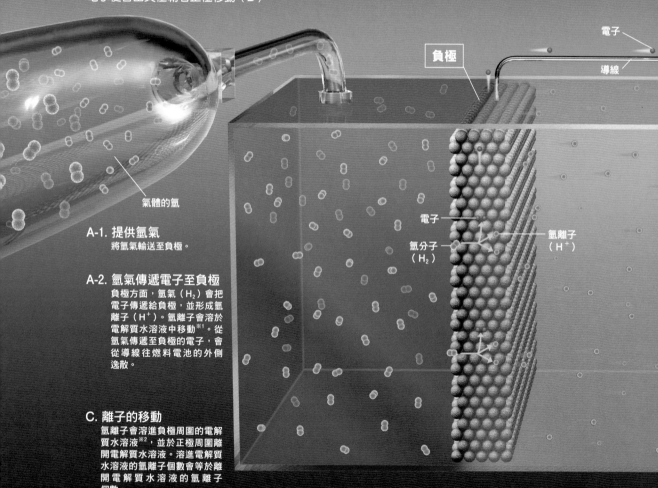

氣體的氫

負極

電子

導線

電子

氫分子
（H_2）

氫離子
（H^+）

A-1. 提供氫氣
將氫氣輸送至負極。

A-2. 氫氣傳遞電子至負極
負極方面，氫氣（H_2）會把電子傳遞給負極，並形成氫離子（H^+）。氫離子會溶於電解質水溶液中移動[※1]。從氫氣傳遞至負極的電子，會從導線往燃料電池的外側逸散。

C. 離子的移動
氫離子會溶進負極周圍的電解質水溶液[※2]，並於正極周圍離開電解質水溶液。溶進電解質水溶液的氫離子個數會等於離開電解質水溶液的氫離子個數。

※2：磷酸型燃料電池的電解質水溶液會使用濃度高達95％的磷酸水溶液。磷酸水溶液含有磷酸
（H_3PO_4）分解出的氫離子（H^+）、磷酸二氫根（$H_2PO_4^-$）、磷酸氫根（HPO_4^{2-}）、磷酸根

英國物理學家格羅夫（William Grove，1811～1896）電解稀硫酸（H_2SO_4）為電解質的水溶液，結果發現陽極會產生氫氣，且陰極會產生氧氣，分別累積於蓋住兩極的試管中。有天格羅夫在實驗的最後發現了一個神奇的現象：當他卸下電解水迴路的電源電池，並再度連通迴路時，不知為何電流的方向會跟之前相反。這代表著累積於試管中的氣體氫（H_2）跟氧（O_2）會在各自的試管中變回水（H_2O），才使電流方向相反。

之後格羅夫重複了幾次實驗，證實發生電解反應的逆反應時會通電。於是在1839年發表結果於英國學術雜誌《哲學雜誌》（The Philosophical Magazine，1839年2月號）。於是，產生了由氣體氫與氧產生電力的「燃料電池」（fuel cell）。

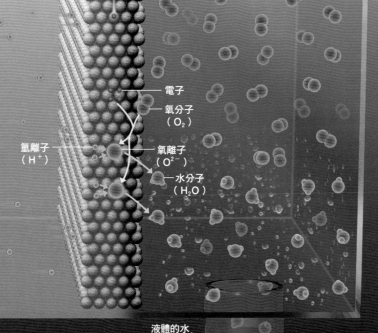

D. 電子會從負極移動至正極
氫氣於負極釋放的電子會從外側的迴路移動，並被位於正極的氧氣接收。

正極

電子
氧分子
（O_2）
氫離子
（H^+）
氧離子
（O^{2-}）
水分子
（H_2O）

液體的水
（H_2O）

氧氣

B-1. 提供氧氣
將氧氣輸送至正極。

B-2. 氧氣接受來自正極的電子
正極方面，氧氣（O_2）會從正極接受電子，並形成氧離子（O^{2-}）[1]。氧離子會馬上跟電解質水溶液中的氫（H^+）結合，形成水分子（H_2O）。

＊雖然現代的燃料電池是將氫氣與氧氣（空氣）不斷輸送至電極來持續產生電力，依據格羅夫發明的燃料電池，氫氣跟氧氣要封閉在蓋住電極的試管中。另外，現代的燃料電池有多種型態，包括磷酸型及固體高分子型、溶融碳酸鹽型、固體氧化物型。

※1：燃料電池的電極以直徑約 2～5 奈米（奈米為 1 公尺的 10 億分之 1）的鉑（Pt）粒子作為觸媒，並由直徑約 50～100 奈米的碳（C）粒子構成。碳粒子的空隙會滲進電解質水溶液。當氣體分子跟鉑粒子接觸時，氣體分子就會分解成離子，並溶進電解質水溶液中。

只會排出水的未來汽車

日本豐田的燃料電池電動車「MIRAI」就是用氫當作燃料的汽車。雖說是用氫當作燃料，但並不是燃燒氫，而是藉由氫產生電力來驅動車輛行駛。為此，MIRAI配備了以電為驅動力的馬達。

用作燃料的氫氣（H_2），主要是由天然氣製造而成的。天然氣的主要成分為甲烷，添加水蒸氣並加熱後，就會形成一氧化碳跟氫。接著，再把一氧化碳跟水蒸氣一起加熱後，就會形成二氧化碳跟氫。如此製造出來的氫氣會從「加氫站」補充至燃料電池電動車裡。

不使用化石燃料而改用其他製造氫氣的方法，還可藉由太陽能跟風力等天然能源（可再生能源）產電來電解水得到氫氣。但是製造成本太高，所以現階段不太可行。

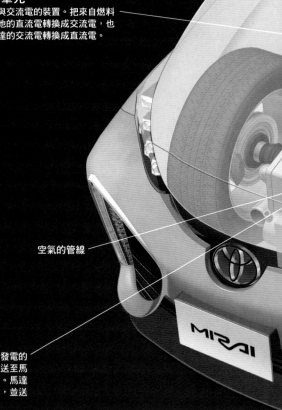

電力控制單元
轉換直流電與交流電的裝置。把來自燃料電池跟蓄電池的直流電轉換成交流電，也會把來自馬達的交流電轉換成直流電。

從天然氣製造出來的氫

現在的氫主要從天然氣製造而來。天然氣的主成分為甲烷（CH_4），添加水蒸氣並加熱後，就會形成一氧化碳跟氫。而且，再把一氧化碳跟水蒸氣一起加熱，就會形成二氧化碳跟氫。除了使用天然氣之外，還可用石腦油（詳見第194頁）製造氫。

空氣的管線

馬達
用交流電驅動汽車行駛。使用「燃料電池組」發電的直流電會在「電力控制單元」轉換成交流電後送至馬達。馬達在汽車減速時，會發揮發電機的功能。馬達發出的交流電會在電力控制單元轉換成直流電，並送進蓄電池裡。

蓄電池

加氫口

輸送氫的管線

高壓蓄氫槽
存放用於燃料電池電動車燃
料的氫氣。氫會輸送至「燃
料電池堆」以備發電使用。
2 個蓄氫槽總容量為122.4公
升，大約可容納 5 公斤加壓
至700大氣壓的氫

排水管線

燃料電池堆
MIRAI是使用負極跟正極之間有陽離子交換膜的
「固體高分子型」燃料電池。燃料電池堆中含有370
片名為「燃料電池組」的板狀燃料電池，以直列的
方式排列。燃料電池堆會將「高壓蓄氫槽」的氫及
車外的氧（空氣）輸送進來。燃料電池堆的發電能
力為114千瓦，重量為56公斤。1 片燃料電池組的厚
度僅有1.34毫米。

主要的用電配線

眼蟲將拯救人類的未來？

生質燃料（biomass fuel）是指以生物為原料製造的燃料。用來替代石油等化石燃料，預估可降低二氧化碳的排放量。

以前曾用玉米跟甘蔗等穀物來當生質燃料的原料。但由於這些穀物是人類的食物跟家畜的飼料，會引發價格飆漲跟過度開發農地造成環境破壞等問題。現在的主流是傾向使用不當作飼料的植物、木屑、藻類來當作燃料，稱為第二代跟第三代的生質燃料。

第三代的生質燃料中備受矚目的就是「眼蟲」（Euglena），這種單細胞原生生物（微型藻類）常位於池塘跟沼澤、水田等淡水中，大小約在0.05～0.1毫米，且同時具有動物跟植物的特徵，以鞭毛邊划水四處移動，以體內的葉綠素進行光合作用。

「航空燃油」（噴射機燃料）用於驅動飛機噴射引擎。說到噴射機燃料會讓人覺得成分很特別，不過其實跟用於暖爐的煤油很類似。

製造出油甚至是
特殊的澱粉

　　植物進行光合作用是將水跟二氧化碳合成澱粉（$(C_6H_{10}O_5)$ n）。眼蟲也會行光合作用產生類似澱粉的物質。這種現今獨一無二的物質，稱為「眼蟲澱粉」[※]（paramylon）。

　　在環境充斥氧氣的情況下，眼蟲會合成眼蟲澱粉，而當環境沒有氧時，眼蟲會開始分解眼蟲澱粉，並產生名為「蠟酯」（wax ester）的油脂。例如我們的鼻子出油也是蠟酯。相同面積下，眼蟲可以產生比油棕（棕櫚油的原料）多10～15倍的油脂。

　　萃取眼蟲的蠟酯並精煉後，能得到含有14個碳（C）的分子。這個物質跟現在用於噴射機的燃料及貨車、公車用的柴油燃料（輕油）分子含有幾乎相同的碳數。

　　使用眼蟲的噴射機燃料已在2020年受到國際間認可並用於民航機上。全世界的飛機都要仰賴眼蟲的力量飛行，這樣的未來說不定指日可待。

※：串連成眼蟲澱粉的葡萄糖，跟構成澱粉、纖維素（植物細胞的細胞壁）的葡萄糖是相同的。葡萄糖有分 α 型跟 β 型，眼蟲澱粉合成的是 β 型的葡萄糖分子。

在沒有氧的環境下，眼蟲會將眼蟲澱粉分解成蠟酯。一般在生產源自植物油脂的燃料時，會殘留甘油跟細胞壁，但眼蟲不會合成這些我們不需要的東西。而且眼蟲含有豐富的營養素，所以也當作保健食品在販售。

岩石跟鐵都是由晶體構成

以原子的尺度來看固體時，會看到很多原子跟分子有方向性且規律性地重複排列著，稱為「晶體」（crystal）。例如，水晶是由透明多邊形的面所包圍起來的形狀，且晶體中其對應的面與面之間的角度皆相同。晶體會表現出規律性形狀是因為內部原子跟分子的排列方式，影響了晶體整體的規律性與方向性。像水晶般由單個固體形成的晶體稱為「單晶」（single crystal）。

單晶的集合稱為「多晶」（polycrystal）。方解石集合成的大理石，長石、雲母、石英（水晶）集合成的花崗岩都屬於多晶。鐵跟銅等金屬也是由小小單晶集合成的多晶。

構成晶體的原子跟分子會以共價鍵、金屬鍵、離子鍵和分子間力（氫鍵跟凡得瓦力等）來鍵結。晶體依鍵結方法不同，又可分成共價晶體、金屬晶體、離子晶體和分子晶體等。

分子晶體是指大量的分子因分子間的相互作用而鍵結的晶體，像是乾冰（二氧化碳）跟碘。

鑽石

由大量的碳原子以共價鍵形成的共價晶體。1個碳原子有4個電子可用於鍵結，鍵結方向會朝向正四面體的頂點。由於鍵結方向已經固定，所以由大量碳鍵結形成的晶體，會呈現立體網格結構。

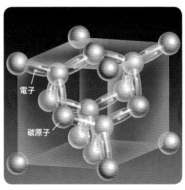

電子

碳原子

鹽（氯化鈉）

鹽是透過離子鍵鍵結的離子晶體。由 Na^+（陽離子）與其相鄰的 Cl^-（陰離子）互相吸引而鍵結。這種電力的引力沒有方向性。一般而言，陽離子跟陰離子的大小會相異。以鹽來說，Na^+ 會進入 Cl^- 所構成的面心立方結構空隙內，並規律地排列著。

金

由金屬鍵形成的金屬晶體，呈現面心立方結構。由相同大小的金屬原子組成，負責鍵結的電子不會被特定的金屬陽離子束縛住，不具有方向性，所以金屬的晶體會儘可能排得很緊密。

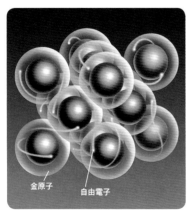

金原子　自由電子

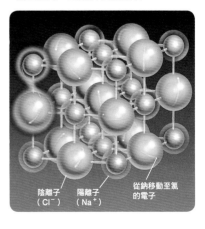

陰離子　陽離子　　從鈉移動至氯
（Cl^-）　（Na^+）　　的電子

單晶與多晶

黃鐵礦（FeS_2）單晶的最大特徵是外形為12面體。物質結合成多晶時，通常形狀會跟單晶時相異，不過黃鐵礦的多晶形態還有保留一些單晶的特徵。

單晶的黃鐵礦

多晶的黃鐵礦

原子排列凌亂的非晶質

有些固體物質中的原子、分子、離子排列不規律，意即它不屬於晶體。這種物質形態稱為「非晶質」（amorphous），沒有特定的外形。最典型的非晶質物質就是玻璃。

一起來看看結晶質（crystalline）石英跟非晶質石英這兩者的結構吧！結晶質的石英是由 1 個矽跟 4 個氧結合成正四面體的結構單位，排列得很規律。而非晶質的石英雖然也有 1 個矽跟 4 個氧的結構單位，但其連接方式完全看不出規律性。

因為非晶質完全沒有規律性可言，所以不具有「晶格缺陷」[※]（lattice defect）。反而能擺脫晶體會有晶格缺陷的弱點，可以產生強度較高的新材料。

※：體積如米粒般大小的晶體中也有很大量的原子。其中若應位於某固定位置的原子不見了，或是有雜質混進來，有時會導致排列變亂（晶格缺陷）。

結晶質

氧原子

結晶質石英跟非晶質石英

非晶質即使在原子跟原子之間這種小範圍下，還是看得出有規律性的單位結構。但是，這些單位之間的排列完全沒有規律性，看不出來像晶體結構般的重複性。這代表非晶質就像凍結的液體狀態。實際上許多非晶質的合金都是將液體急速冷卻製造而成。

非晶質

非晶質

單位結構
（正四面體）

矽原子
（正四面體的中心）

液晶是具有晶體特性的液態物質

分子晶體（詳見第162頁）中，有些加熱後會變成摻雜白色的液態物質，但其分子還是會固定方向地規律排列；分子變大形成長條狀或圓盤狀，在液體中仍容易朝固定的方向排列；雖然是液體，但卻具有跟晶體相似的光學與電力特性，這種物質的狀態稱為液晶（liquid crystal）。將液晶再加熱至更高溫時，分子的排列會變亂，通常會形成透明的液體。液晶可說是介於固體與液體狀態之間的物質。

將電壓施予液晶後，會改變其分子的排列方式。由於液晶對光線的折射率跟吸收率會跟著改變，便可以調整明暗度跟顏色。

液晶應用於顯示器、時鐘、計算機等螢幕顯示材料。依分子的集合狀態差異，液晶分為向列型、層列型、膽固醇型。最常用於顯示材料的是氰雙苯環（cyanobiphenyl）類的向列型液晶分子。

同方向排列的液晶分子

向列型液晶的分子排列與導電效果

氰雙苯環類的向列型液晶分子（圖中省略氫原子）最常用於顯示材料。在室溫下，具有流動性且摻雜白色。

分子是以縱軸方向平行排列。摩擦電極板，並在電極板間夾一層向列型液晶，再將兩塊電極板互相扭轉90度時，分子會扭轉成如圖般的螺旋狀排列。將其施加電壓，分子的排列方式會垂直於電極面。

電極板外側的偏光板分別置於跟偏光軸垂直的方位，當施加或關掉電壓時，光線會因分子的排列方式而曲折穿透，因為光線若不曲折就無法穿透，所以能造成明暗的變化。

氰雙苯環類的分子結構

施加電壓時分子會平行排列成垂直方向
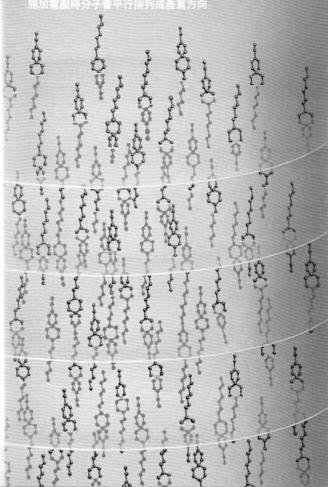

液晶的上下層以電極板夾住。扭轉電極板時，分子會跟著變成扭轉的螺旋狀

相變材料

DVD跟BD（藍光光碟片）等可重覆讀寫型光碟片的記錄膜，使用的是「鎵-銻-碲合金」的相變材料（phase change material），意即會因劇烈溫度變化而瞬間切換二種固體層（結晶質相與非晶質相）。二種固體向的差異會顯示在雷射反射率的差異上，透過光偵測器來轉換數位資料。

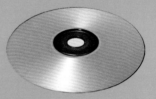

混入雜質會改變導電特性

電視機、立體音響、電腦等電子產品大部分都有使用到「半導體」(semiconductor)。半導體是一種晶體，導電度介於像金屬般容易導電的電導體，與像鑽石或鹽般不導電的絕緣體中間。

最代表性的半導體有矽跟鍺，這些都是共價晶體。若是完全不含雜質的晶體，矽原本幾近絕緣體，但用人工的方法製造出近似純矽的晶體，並加入一點雜質時，就可以導電了。人們利用這項特性，控制混入的雜質比例來製造半導體晶體。

在共價晶體的鍵結部分混入雜質使晶體多出 1 個電子的半導體稱為「n型半導體」；相反地，使晶體少 1 個電子的半導體稱為「p型半導體」。

矽原子

移動的電子

會移動的電洞

磷原子

傳導電子

共價鍵的電子

n 型半導體區

p 型半導體與 n 型半導體

當矽跟鍺的晶體中摻入磷後，電子數會增加的是「n型半導體」。相反地，摻入硼後，共價鍵需要的電子數會不夠，便形成缺少電子的「電洞」(electric hole)，電洞數較多的稱為「p型半導體」。

硼原子

電洞

p型半導體區

藍光LED實現繽紛色彩

在看似透明的樹脂中呈現複雜多邊形的半導體晶體，將其施加電壓時就會發光。LED的顏色由原料（元素）的組合來決定※。例如，砷化鎵類的是紅外線跟紅色，磷化鎵是黃色跟綠色。而且波長愈長（愈接近紅外線），愈容易製造出高品質的「晶體」。因此最先做出來的LED是發紅外線光，接著是發紅光，再來才是發較暗綠光。

當藍光LED發明出來後，其技術可應用在製造較明亮的綠光LED上。所以可以自由地混合紅、綠、藍（光的三原色），基本上所有明亮色的光都能製造出來了。

※：專業領域上會以所謂「譜帶間隙能量」的值來決定顏色。

LED（發光二極體）

利用半導體的省電發光裝置

發光二極體是在1950年代至1960年代之間發明的。例如稱為「LED之父」的美國伊利諾大學名譽教授何倫亞克（Nick Holonyak，1928～）博士於1962年發明了紅光LED。

LED是利用p型與n型這二種半導體製成的發光裝置。為了要通電，p型半導體會當作「正極」，也就是帶有正電的電洞，而n型半導體當作「負極」，也就是帶有負電的電子。當這二種半導體互相貼合並施加電壓時，電洞跟電子會往界面移動（電流流通）並結合。此時，能量就會變成光線釋出。界面溫度會達到50℃以上。

LED燈泡比白熾燈及日光燈省電，是因為LED由電直接轉變成光。

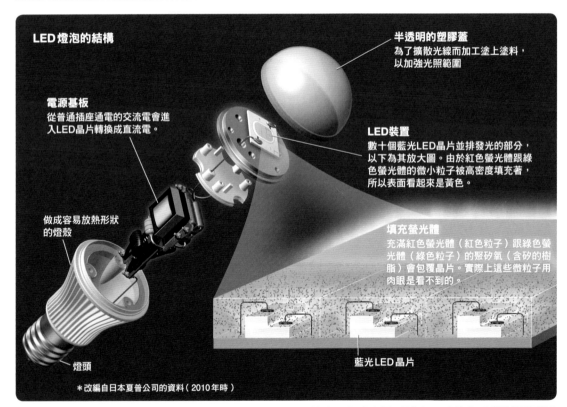

LED燈泡的結構

半透明的塑膠蓋
為了擴散光線而加工塗上塗料，以加強光照範圍

電源基板
從普通插座通電的交流電會進入LED晶片轉換成直流電。

LED裝置
數十個藍光LED晶片並排發光的部分，以下為其放大圖。由於紅色螢光體跟綠色螢光體的微小粒子被高密度填充著，所以表面看起來是黃色。

做成容易放熱形狀的燈殼

填充螢光體
充滿紅色螢光體（紅色粒子）跟綠色螢光體（綠色粒子）的聚矽氧（含矽的樹脂）會包覆晶片。實際上這些微粒子用肉眼是看不到的。

藍光LED晶片

燈頭

＊改編自日本夏普公司的資料（2010年時）

LED燈泡核心部分的發光裝置稱為「LED裝置」，由藍光LED晶片跟螢光體組合而成。施加電壓於藍光LED晶片時，半導體的界面便會發藍光。藍光的一部分會被螢光體填充吸收，取而代之發出綠光跟紅光。被螢光體填充吸收的藍光再加上紅光跟綠光，混合光的三原色，便能製造出白光。而且，LED燈泡除了利用藍、綠、紅等三色的LED之外，還可以調整白光的色調要偏暖色或偏冷色。

省電又明亮的LED

白熾燈利用加熱燈絲（金屬線）而發光，日光燈則利用放電而發光。相對於白熾燈跟日光燈分別用加熱跟放電發光，LED燈泡是直接將電力轉變成光，所以在相同亮度下會比較省電（約日光燈的一半），而且，LED燈泡的壽命（一般定義為降至新品70%的時間）也較長，普遍認為有 4 萬小時。其壽命是白熾燈的25～40倍，日光燈的4～7倍。

燈絲

燈頭

白熾燈

當物質的溫度超過1300℃時，就會放出白色光。白熾燈通電時，燈絲會加熱到2000℃～3000℃，故而發出白光。

日光燈

當施加電壓時，電子會高速從電極飛出（放電），並跟封存於玻璃管中的汞原子碰撞（1）。汞原子會接受電子的能量，放出紫外線（2）。被釋放的紫外線能量會被塗於管柱內側的螢光塗料吸收，其部分會轉變成熱能，另一部分則會變成可見光釋出（3）。

1. 電子跟汞原子發生碰撞
汞原子
電子
燈頭（電極位於管柱內側）
2. 汞原子會釋出紫外線
紫外線
3. 螢光塗料會釋出白色光

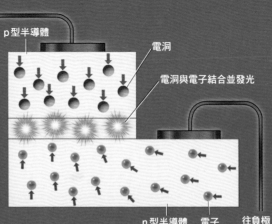

p型半導體
電洞
電洞與電子結合並發光

LED

上方是電洞（缺少電子的「孔洞」）會流動的p型半導體，下方為電子會流動的n型半導體。當施加電壓時，電洞跟電子會移動至界面並結合，其能量的一部分會變成光並釋放。

往正極
n型半導體　電子　往負極

改變世界的 藍光LED

於 1970年代曾出現幾個藍光LED的候選物質，例如碳化矽、硒化鋅、氮化鎵等。碳化矽的亮度（單位面積的明亮度）基本上比較低，而氮化鎵難以做出沒有裂縫、表面平整的晶體，不容易製成 p 型半導體。因此大多數的研究學者跟企業便把目光投向硒化鋅。但是，赤崎勇（1929～2021）與天野浩（1960～）兩位博士卻以氮化鎵突破「高品質晶體製作」與「p 型化」二大障壁。

製造LED需要有 p 型跟 n 型的半導體。以氮化鎵來說，n 型半導體比較容易製造。赤崎勇博士的團隊成功製造出漂亮的氮化鎵晶體，並發現只要以「電子束」照射晶體就能形成 p 型半導體。

中村修二（1954～）博士團隊得知赤崎勇博士團隊的成果後，便著手重現他們的實驗，並在反覆實驗的過程中注意到：當電子束的強度愈高時，得出的結果愈佳。因為材料被高強度的電子束照射產生熱，實驗材料都在高溫下進行。

中村博士團隊認為溫度正是 p 型化的關鍵，因此之後的實驗都暫時以400℃以上的高溫（退火）來形成晶體，結果發現真的會 p 型化。退火跟照射電子束相比，簡單很多，這個 p 型化的方法在後來藍光LED實用化帶來極大貢獻。

另外，赤崎博士、天野浩博士、中村修二博士因為「發明藍光LED以實現又亮又省電的白色小光源」，獲頒2014年的諾貝爾物理學獎。

藍光光碟片必要的雷射二極體

中村博士團隊以藍光LED的技術為基礎，成功地商業化藍光的雷射二極體（laser diode，LD）。雷射二極體的發光原理跟LED相同，甚至具備會發出與其相同光波波長與相位（phase，光振動的時序）的裝置。藍光雷射二極體已是藍光光碟片（BD）上不可或缺的技術。

藍光光碟片跟CD、DVD都是光碟片的一種，直徑12公分的光碟片可以燒錄25GB（1層）的數位資料。這容量大約等於相同直徑的35片CD，或 5 片DVD。

藍光光碟片為什麼能夠寫入這麼多的資料呢？試想在 1 張紙上書寫文字，若資料量增加的話，儘量用細一點的筆把字寫得密密麻麻即可。增加光碟片的容量也是相同的道理，光碟片上的「細

中村博士團隊的藍光LED基本結構

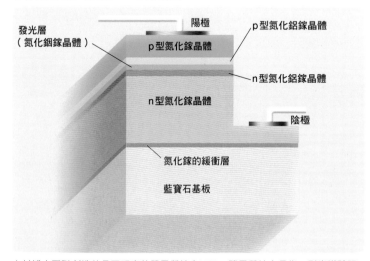

中村博士團隊創造的是更明亮的雙異質接合LED。雙異質接合是指 p 型半導體跟 n 型半導體中間夾著一層「發光層」。由於發光層具有限制電子與電洞移動的功能，所以能有效地使二者相遇，發出明亮的光線。發光層的部分摻有銦。

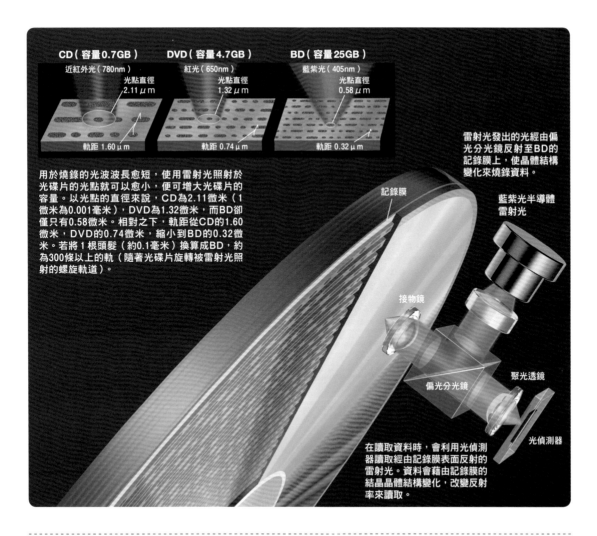

CD（容量0.7GB） DVD（容量4.7GB） BD（容量25GB）

近紅外光（780nm） 紅光（650nm） 藍紫光（405nm）

光點直徑 光點直徑 光點直徑
2.11μm 1.32μm 0.58μm

軌距 1.60μm 軌距 0.74μm 軌距 0.32μm

用於燒錄的光波波長愈短，使用雷射光照射於光碟片的光點就可以愈小，便可增大光碟片的容量。以光點的直徑來說，CD為2.11微米（1微米為0.001毫米），DVD為1.32微米，而BD卻僅只有0.58微米。相對之下，軌距從CD的1.60微米，DVD的0.74微米，縮小到BD的0.32微米。若將1根頭髮（約0.1微米）換算成BD，約為300條以上的軌（隨著光碟片旋轉被雷射光照射的螺旋軌道）。

雷射光發出的光經由偏光分光鏡反射至BD的記錄膜上，使晶體結構變化來燒錄資料。

記錄膜

藍紫光半導體雷射光

接物鏡

聚光透鏡

偏光分光鏡

光偵測器

在讀取資料時，會利用光偵測器讀取經由記錄膜表面反射的雷射光。資料會藉由記錄膜的結晶晶體結構變化，改變反射率來讀取。

字筆」就相當於短波長的光。

CD用的是波長780奈米（1公尺的10億分之1）的近紅外光，DVD用的是波長650奈米的紅光，而燒錄BD用的是波長405奈米的藍紫色半導體雷射光。波長愈短，能燒錄（或讀取）的資料就愈詳盡。

照亮人類未來的LED

因為發明出藍光LED而實現的白光LED，造就了LED燈泡、不含有毒汞的背光（backlight，位於液晶顯示器後面的光源）以及能清楚顯示號誌的紅綠燈[※]。而且，LED還具有省電的特色，可為發電場及送電站不夠普及的國家，如同文字帶來文明，帶來光明的未來。因為只要能利用小型的太陽能板跟蓄電設備獲得一點電力，就足夠LED照明了。

LED的應用逐漸擴及電器跟社會基礎建設、糧食生產、醫療等多項領域，未來這股潮流會更加快腳步吧。透過藍光LED的發明，世界突然進入了「LED時代」，LED成為照亮人類未來的一盞明燈。

※：以前的紅綠燈是從內部反射板反射出燈泡發出的光，並通過不同顏色的濾鏡來顯示紅色、黃色、綠色。但是這種方式在早晨或傍晚等仰角較低的陽光照射下，由於太陽光會被反射板所反射，所有顏色都會有反光的問題。使用藍光LED後就不需要反射板，能清楚顯示出號誌，提高了安全性。

陶瓷是先進技術
不可或缺的材料

「陶瓷」是研發最先進技術產品所不可或缺的材料。舉例來說，智慧型手機裡就用了好幾百個稱為陶瓷電容器的零件。作工精巧的陶瓷特別稱為「精密陶瓷」（fine ceramic），對技術產品的小型化及高性能化有很大的貢獻。

例如電線的絕緣礙子（insulator），就是在路上即可看到的陶瓷範例。組成陶瓷的原子鍵結力跟組成金屬或有機材料的原子鍵結力相比，要來得強力很多。因此，陶瓷具有很多種特性，包括耐熱性跟耐蝕性（抗酸及抗腐蝕）、絕緣性（難以導電）等。精密陶瓷跟絕緣礙子便因具備這些特性，廣泛用於生活之中。

陶瓷的硬度主要因燒結而產生。此硬度是指刮傷表面的難易度（莫氏硬度，Mohs hardness），由於大多數的精密陶瓷比金屬還硬，當兩者互相摩擦時只有金屬會被刮傷。不過再加強力道時，金屬只會被折彎，而陶瓷則會直接碎裂。硬度與易碎程度是有一致性的。

陶瓷

玻璃
以高溫融化粉末，再冷卻定形而製成。已用於透鏡跟光纖等跟光有關的儀器上。

耐火材料
用於1500℃以上高溫的場所，如鐵工廠的鼓風爐跟焚化爐、玻璃熔化爐等。

水泥
以黏土跟石灰岩粉末燒製而成，加水攪和後會硬化。混凝土是水泥加上水、砂石的產品。

陶瓷器

土器
將黏土燒製並硬化的物品。日本最早的陶瓷器物是1萬5000年前繩文時代所用的繩文土器。

陶器
將「陶土」捏製成形並塗上釉藥再燒製硬化的物品。釉藥是指燒窯時會變成玻璃質的液體。

瓷器
以名為「陶石」的礦石為主原料燒製而成的物品。即使不上釉藥也幾乎不會漏水。

精密陶瓷
使用人工原料燒製而成的物品，具有過去陶瓷器所沒有的機能，能形成精密的結構。目前使用於各項產業，應用範圍非常廣泛（以下為一些範例）

電子儀器：半導體包材、陶瓷電容器
家庭　　：刀子、電子體溫計的溫度感應器、LED的基板
其他　　：人工關節、切割汽車引擎零件用的工具

陶瓷依製造方法跟使用方法不同，還分成玻璃、耐火材料、水泥、陶瓷器、精密陶瓷等種類。陶瓷器可再細分成幾個種類。

陶瓷為三大材料之一

金屬、有機材料、陶瓷合稱為三大材料。一般認為陶瓷的英文ceramic源自希臘語中的「keramos」（將黏土燒製硬化的物品）。

陶瓷電容器

積層陶瓷電容器的示意圖。電容器是用來儲存或釋放電力的零件，基本上1組電容器是2片金屬層中間夾一層難以導電的物質（如陶瓷），將數十至數千層電容器重疊，便形成積層陶瓷電容器。必須要控制電子的精密機器會嵌入這些電容器，如智慧型手機跟電腦，每一台就有多達數百至數千個電容器。

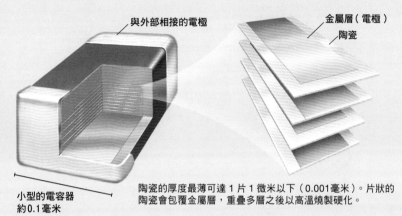

與外部相接的電極

金屬層（電極）
陶瓷

小型的電容器
約0.1毫米

陶瓷的厚度最薄可達1片1微米以下（0.001毫米）。片狀的陶瓷會包覆金屬層，重疊多層之後以高溫燒製硬化。

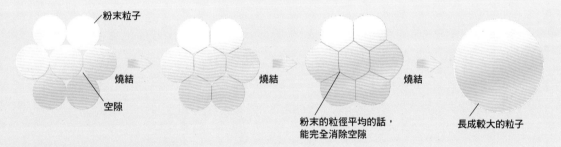

粉末粒子

燒結

空隙

燒結

燒結

粉末的粒徑平均的話，能完全消除空隙

長成較大的粒子

陶瓷燒製後會硬化

燒製陶瓷時粉末變化的示意圖（如上圖）。粒子會透過燒製而結合，整體緊緻化。例如直徑0.1微米（1毫米的1萬分之1）的氧化鋁粉末燒製成形時，會成長成直徑約5微米的粒子，整體體積減少70〜80％。也就是說，陶瓷在燒製後體積會縮小。像製造陶瓷電容器這種非常精密的零件時，設計上就要先正確預估體積會縮小多少。

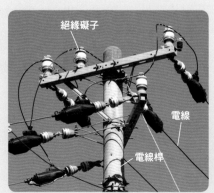

絕緣礙子

電線

電線桿

防止漏電的「絕緣礙子」

安裝陶瓷製的絕緣礙子，可防止電線直接跟電線桿接觸而漏電。絕緣礙子的形狀會因電壓高低及氣候條件而變化。

有機EL

有機EL是使用有機化合物的發光材料

「有機EL」是用於顯示器跟照明機器上的發光材料，它又薄又輕，還具有可彎折跟畫質佳等特性。「EL」是 electroluminescence（電致發光）的縮寫，為導電物質發光現象的一種。物質的發光有像白熾燈般加熱發光的種類，電致發光通電後會發光但不會發熱。

目前有機EL使用的發光體，是合成自石油的有機物。要讓有機化合物發光並不是件難事，例如螢光筆的顏料跟螢火蟲的發光物質都是有機化合物，其分子經過設計就能做出發出多種顏色的光，目前有機EL方面已開發出許多有機發光材料。

有機EL也稱為「OLED」（organic light emitting diode，有機發光二極體），依此可以想像LED跟有機EL的發光原理幾乎相同[※]。另外，有機EL的發光層是薄膜狀，為面狀發光，而LED則為點狀光源。

※：在所有的半導體內，全都透過電子跟電洞碰撞而發光。可是像LED燈泡這種物品，都是使用無機物的半導體當發光體。

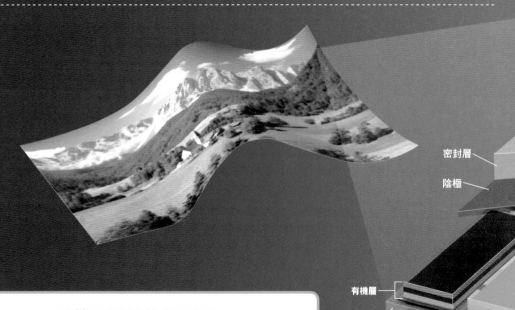

密封層

陰極

有機層

又薄又柔軟的顯示器

有機EL透過有機化合物將電能轉變為光能，跟將光能轉變成電能的太陽能電池相反。有機EL的核心發光體是薄膜狀的，跟塑膠基板或有導電性的塑膠組合的話，就會形成又薄又能彎曲的顯示器。而且，有機EL在不發光的時候幾乎是透明的，若電極跟迴路也使用透明材質的話，就可以創造出平時是透明的顯示器。

畫素（pixel）
由承載紅、綠、藍3個發光有機層構成的樣本組，這3種顏色的組合可以創造出各種顏色。通常會要求畫素要小於0.1平方毫米。

發光的機制

基本構造是在 2 片電極之間夾 1 層有機化合物。當通電時，注入的電子與電洞於有機層發生「碰撞」，就會放射出光線。為了讓光線射向外面，單側的電極會用「氧化銦錫」做成透明電極。有機物為薄膜狀，厚度在1000分之1毫米以下（以三層結構為主流）。發出的顏色會因作為材料的有機發光分子的種類而異。

電子

電源

密封層

陰極

電子輸送層

有機層
厚度＝100奈米
（頭髮粗度的200分之1）

發光層

電洞輸送層

陽極

基板

電子與電洞「碰撞」時會發光

電洞

有機EL顯示器的結構

有機EL的基本結構是由驅動畫素的迴路組合成顯示畫面的顯示器。其結構會因色彩顯示方式跟畫素的驅動方式而異。

這裡顯示的是紅、綠、藍三色發光方式，畫素分割出一個個的開關（薄膜電晶體，TFT），使「主動矩陣有機發光二極體」（縮寫為AMOLED）調整發光開關跟明亮度。為了顯示光線從上方射出，把陰極繪成透明，但其實光線會從透明的陽極迴路那側釋放出來。

藍色的光

紅色的光

綠色的光

構成的迴路開關可控制畫素
將不同材料的薄膜焊在基板上並層層堆疊。

基板　陽極（畫素電極）

底板（驅動畫素的迴路基板）

有機化學的關鍵在碳原子

在 18世紀末的化學家將取自生物上的東西，包括動植物或是用這些生物製造出來的酒跟染料等，通稱為「有機化合物」（organic compound），除此之外的岩石、水、鐵、金則稱為「無機化合物」（inorganic compound）。

現在所知的118種元素幾乎都會產生無機化合物。無機化合物會因為含有什麼元素、各占多少比例而有特性上的差異。另一方面，有機化合物的性質則依元素的連接方式而定。儘管有機化合物僅由碳、氫、氧、氮這少數幾種元素所形成，但據說有機化合物的種類壓倒性多於無機化合物。其中的關鍵在於碳原子。

化學大致分成無機化學跟有機化學。無機化學的主題是「透過嘗試新元素的組合來產生新物質並研究其特性」，而有機化學的主旨是「研究由碳組成的各式各樣物質」。無機化學有助於半導體等精密儀器的發展，而有機化學則扮演石油化學跟藥品開發方面的重要角色。

插圖為「由無機化合物構成的風景」與「由有機化合物構成的風景」。18世紀末的化學家認為物質分為無機化合物跟有機化合物二大類，無機化合物為礦物、水、土壤等「取自山上的東西」，而有機化合物為生物跟食物等「取自生命的東西」。

無機化合物的世界

有機化合物的世界

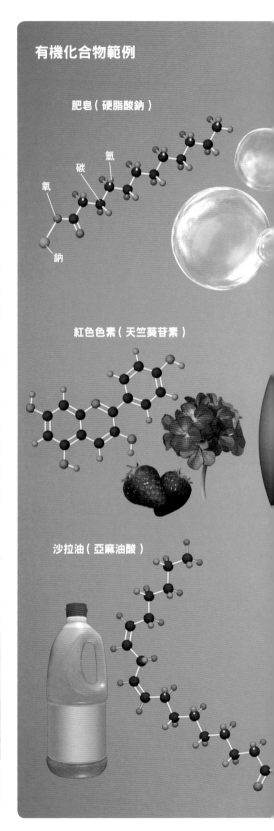

有機化合物範例

肥皂（硬脂酸鈉）

氫

碳

氧

鈉

紅色色素（天竺葵苷素）

沙拉油（亞麻油酸）

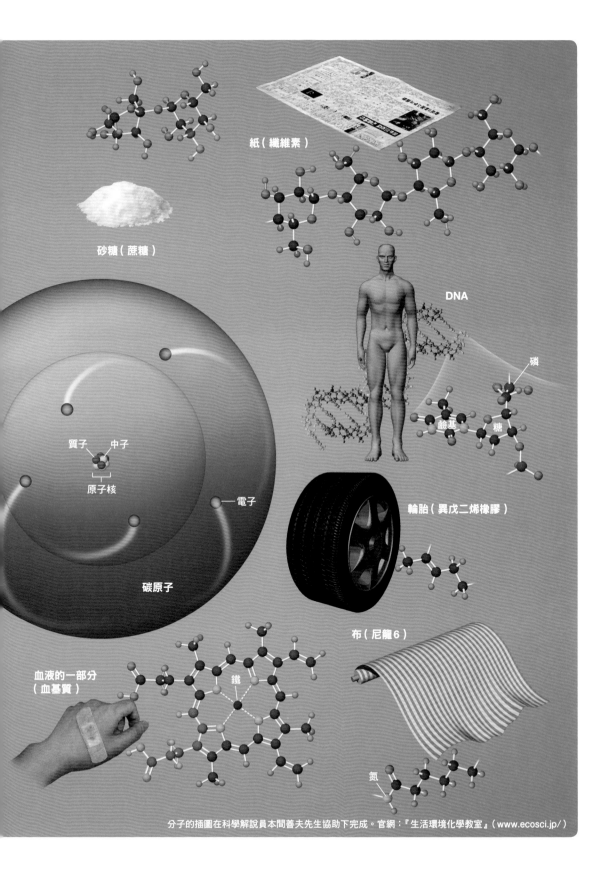

紙（纖維素）

砂糖（蔗糖）

DNA

磷

鹼基　　糖

質子　中子

原子核

一電子

碳原子

輪胎（異戊二烯橡膠）

布（尼龍6）

血液的一部分
（血基質）

鐵

氮

分子的插圖在科學解說員本間善夫先生協助下完成。官網：『生活環境化學教室』（www.ecosci.jp／）

19世紀就能徹底分解有機化合物

法國化學家拉瓦節主張「物質一直分解下去就會變成元素」。提出這個假說的契機，是因為德國化學家李比希（Justus von Liebig，1803～1873）在內的眾多化學家都開始研究周遭的物質。

當時，已知大部分的有機化合物燃燒後會產生某種氣體而消失殆盡。因此化學家只要分別提取這些氣體的種類並測量重量，就會明白有機化合物含有的元素比例。但要滴水不漏地收集燃燒後產生的氣體並正確測量重量，是件困難的事。

李比希於1830年左右發明一款元素分析儀器，解決了這個難題。只要使用這台儀器，就能求出多種有機化合物所含碳、氧、氫的比例。這台儀器透過李比希的學生推廣到整個歐洲，獲得當時眾多化學家採用。

水蒸氣、二氧化碳的流向

U型管
（吸收水蒸氣）

金屬製的燃燒台

玻璃管
為了使氣體往同一方向流動，將單側封閉。

1. 讓有機化合物燃燒
在單側封閉的玻璃管內放入有機化合物跟氧化銅（燃燒時會釋放出不可或缺的氧），以木炭加熱使其燃燒。有機化合物中的氫會取代水蒸氣，而碳會取代二氧化碳通過玻璃管並流向U型管或鉀鹼球管。

2. 測量產生出的水蒸氣量
在U型管內塞滿只會吸收水蒸氣的氯化鈣，使產生的水蒸氣被吸收。事先要先測量U型管的重量，只要在實驗材料全部燃燒完畢後，再次測量U型管的重量，其重量差就是產生的水蒸氣量。

李比希
（1803～1873）

發明元素分析儀器，並開始在德國吉森的大學內開設多堂化學課程。來自海內外的學生超過400人，學生之一的克古列在不久後就分析出有機化合物的結構。李比希透過研究雷酸銀的爆炸性物質與烏勒結識，之後便長期進行合作研究。

李比希的元素分析儀器

只要使用李比希發明的儀器，就能求出有機化合物中所含碳、氫、氧的比例。隨著研究的進展，化學家們開始明白這個比例隨有機化合物而異。德國的化學家烏勒（Friedrich Wöhler，1800～1882）對這麼多種有機化合物留下了一句名言，他說道：「有機化合物的世界，彷彿身在陰暗的叢林中。」

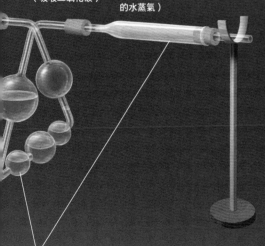

鉀鹼球管
（吸收二氧化碳）

玻璃管
（吸收逃逸自鉀鹼球管的水蒸氣）

當時求出的比例
有機化合物所含碳、氫、氧的比例有許多種不同的整數比

	C	H	O
苯	1	1	0
乙烯	1	2	0
葡萄糖	1	2	1
丁二烯	2	3	0
澱粉	6	10	5
乳糖	12	22	11

4. 求出碳、氧、氫的比例

從 2 跟 3 測得的二氧化碳跟水的重量以及原本有機化合物的重量，可求出有機化合物的碳、氧、氫比，左圖即為當時所求出的比例。這台儀器只能偵測碳、氧、氫這三種元素，不能偵測含有氮的有機化合物。另外，當時已知水是「H_2O」，二氧化碳為「CO_2」。

3. 測量產生出的二氧化碳重量

將在步驟 2 中除去水蒸氣的氣體，通過氫氧化鉀水溶液，使其吸收二氧化碳。由五個玻璃球相連而成的容器是李比希發明的零件，稱為「鉀鹼球管」（potash bulb）。當氣體通過時，鉀鹼球管的部分水溶液會變成水蒸氣逸散，所以會在玻璃管內再度被吸收。只要測量實驗前後的鉀鹼球管跟玻璃管的重量，就會知道被吸收的二氧化碳重量。

碳有四隻「手」
可以鍵結

化 學家藉由李比希的儀器分析了極多種類的有機化合物，遂明白那些有機化合物全都是由碳等少數元素所組成的，也得出多種有機化合物的碳、氧、氫比例。根據這些研究成果，當時的化學家認為「由碳、氧、氫等原子組合而成的分子形狀，是不是跟有機化合物具有不同性質有關係呢？」於是，他們推理出許多種分子的形態。

1858年，德國化學家克古列（August Kekulé，1829～1896）發表「碳有『四隻手』，可同時跟四個原子鍵結」的學說（結構說）。這在當初不過是眾多假說之一，但克古列的主張卻逐漸地被接受，人們開始了解到多種有機化合物的真實樣貌。

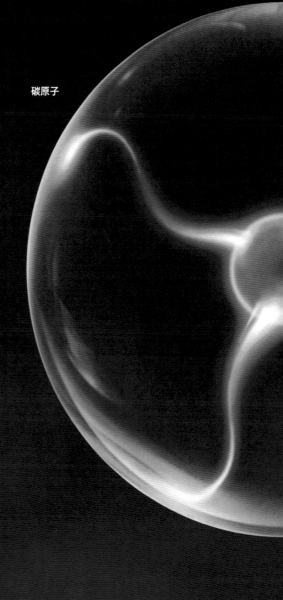

碳原子

克古列
（1829～1896）
德國化學家。1858年提出「碳『有四隻手』」的假說（結構說），而且他還從煤氣燈發現名為「苯」的分子結構。

碳有四隻手的真相

「手」又稱為電子空位或原子價，當原子的最外殼層填滿電子時會最穩定。由於碳原子會使用四隻「手」填滿空位，便可跟許多不同的物質鍵結。

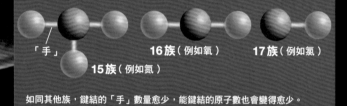

「手」

15族（例如氮）

16族（例如氧）

17族（例如氯）

如同其他族，鍵結的「手」數量愈少，能鍵結的原子數也會變得愈少。

氫原子

元素用「手」
鍵結的示意圖

氧原子

碳具有創造無數多物質的力量

為什麼碳可以創造無數的有機化合物呢？因為碳具有二大強項。

第一個強項，碳是具有「四隻手」的元素（矽、鍺、錫、鉛等）中，鍵結力最強的一個。由於碳的原子核距離外側的軌道很近，所以電子不易逃脫，可以緊密得鍵結在一起（A）。

第二個強項是碳會跟其他原子共享電子並鍵結。碳要填滿軌道（變得穩定），必須要釋出 4 個電子只填滿內側的軌道，或是獲得 4 個電子填滿第 2 層軌道。但碳的 4 個電子難以被奪走或是釋出，因此替代方案就是跟其他的原子共享電子並鍵結，便產生了多種鍵結的可能（B）。

A. 碳可以緊密地跟電子鍵結

位於碳底下的鉛原子擁有82個電子。由於其最外側的電子離原子核很遙遠，原子核與電子之間的吸引力很弱，因此外側的電子經常會脫離軌道。而另一方面，碳的原子核距離外側電子很近，原子核與電子之間的吸引力很強。

																	2 He
1 H																	
3 Li	4 Be											5 B	6 C	7 N	8 O	9 F	10 Ne
11 Na	12 Mg											13 Al	14 Si	15 P	16 S	17 Cl	18 Ar
19 K	20 Ca	21 Sc	22 Ti	23 V	24 Cr	25 Mn	26 Fe	27 Co	28 Ni	29 Cu	30 Zn	31 Ga	32 Ge	33 As	34 Se	35 Br	36 Kr
37 Rb	38 Sr	39 Y	40 Zr	41 Nb	42 Mo	43 Tc	44 Ru	45 Rh	46 Pd	47 Ag	48 Cd	49 In	50 Sn	51 Sb	52 Te	53 I	54 Xe
55 Cs	56 Ba	57-71	72 Hf	73 Ta	74 W	75 Re	76 Os	77 Ir	78 Pt	79 Au	80 Hg	81 Tl	82 Pb	83 Bi	84 Po	85 At	86 Rn
87 Fr	88 Ra	89-103	104 Rf	105 Db	106 Sg	107 Bh	108 Hs	109 Mt	110 Ds	111 Rg	112	113	114	115	116	117	118

碳

對外側電子的吸引力較強

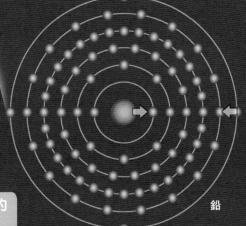

鉛

對外側電子的吸引力較弱

B. 碳會跟其他原子共享電子 來填滿軌道

碳不會把電子「釋出」,而是會「共享」電子來填滿軌道。透過這種方法,碳就可以創造很多種原子鍵結。

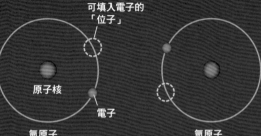

可填入電子的「位子」

原子核

電子

氫原子

氫原子

二個氫原子透過共享電子來填滿空位,原子跟原子之間互相鍵結。這種鍵結的狀態稱為分子。對任何原子而言,軌道上都會擁有 2 個電子,處於填滿軌道處的穩定狀態。二個原子會為了想保持穩定的狀態而傾向互相鍵結。

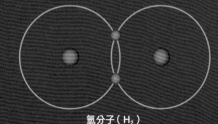

氫分子(H₂)

一個碳會跟四個氫鍵結

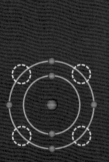

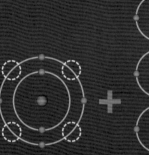

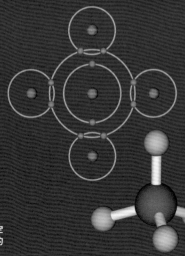

碳原子
第二層軌道有 4 個電子跟四個空位。碳的 4 個電子會跟氫原子共享空位,且又同時共享氫的 4 個電子的話,第 2 層軌道就能擁有 8 個電子。第 2 層軌道填滿 8 個電子會比較穩定。

氫原子
氫有 1 個電子跟一個空位。再填入 1 個電子的話就會擁有 2 個電子,就能填滿第 1 層軌道。

甲烷分子
一個碳原子跟四個氫原子鍵結,形成甲烷的示意圖。碳的第 2 層軌道有 8 個電子,而氫的第 1 層軌道有 2 個電子,所以雙方的軌道都已填滿。

甲烷分子(CH₄)

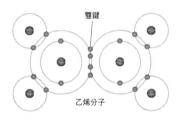

雙鍵

乙烯分子

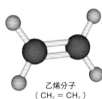

乙烯分子
(CH₂ = CH₂)

碳可以形成雙鍵或三鍵
每個碳都可以互相提供 2 個電子,填滿軌道的二個空位,變成雙重鍵結(雙鍵)。左圖為二個碳原子與四個氫原子共享電子,形成乙烯的示意圖。

碳甚至也可以互相提供 3 個電子變成三重鍵結(三鍵)。另外,四鍵雖然非常不穩定而且很快就會崩解掉,但在實驗室確實出現過四鍵。

「修飾物」決定有機化合物的個性

有機化合物可以視為碳與碳相連的「骨架」跟許多具有不同機能的分子「修飾物」。

常用於家用瓦斯的丙烷（$CH_3CH_2CH_3$）氣體，是由三個碳原子跟八個氫原子形成的。只要將其中一個氫原子，用氧跟氫形成的羥基（-OH）這種修飾物取代，就會變成化妝品跟墨水使用的丙醇（C_3H_8O）。原本的丙烷完全不溶於水，但丙醇卻可以跟水互溶。這是因為羥基具有跟水類似的（-OH）結構。此外，丙醇仍保有跟丙烷一樣易燃的特性。

因此，有機化合物的特性是由其化合物的「修飾物」來決定的。這些修飾物會提供機能，因此稱為「官能基」（functional group）。

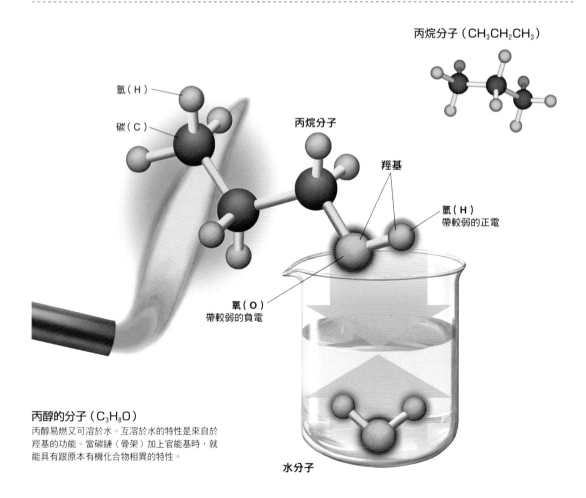

丙烷分子（$CH_3CH_2CH_3$）

氫（H）

碳（C）

丙烷分子

羥基

氫（H）
帶較弱的正電

氧（O）
帶較弱的負電

丙醇的分子（C_3H_8O）
丙醇易燃又可溶於水。互溶於水的特性是來自於羥基的功能。當碳鏈（骨架）加上官能基時，就能具有跟原本有機化合物相異的特性。

水分子

官能基是由於「電氣偏差」而產生機能

大多數的化學反應會發生在分子中「有電氣偏差的位置」。電氣偏差是由於原子對電子吸引力（電負度）的差異而產生的。比如羥基在氧跟氫共享電子而鍵結時，電子會受到來自這二種原子的拉扯。此時，氧對電子的吸引力比氫大，於是氧就稍微帶負電，而氫會稍微帶正電。這種電氣偏差可提供有機化合物跟水互溶，或進行化學反應等特性。

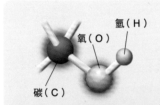

羥基

酒中「酒精」分子所具有的官能基。由於「OH」的部分跟水分子（H_2O）類似，所以只要有羥基就很容易跟水互溶。糖分子（請參照第190頁）也具有好幾個羥基，所以很容易跟水互溶（化學式為【－OH】）

醚鍵

以麻醉藥跟作為溶解許多種實驗材料溶劑的「乙醚」最廣為人知。對試藥幾乎不會反應，是很穩定的物質。
（化學式為【－O－】，O的兩側為碳）

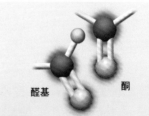

醛基　酮

羰基

以引起宿醉的「乙醛」最為知名。在製作生物標本時常使用的「福馬林」也是具有羰基的甲醛水溶液，是對人體有害的物質。
（化學式為【－COH】【－CO－】）

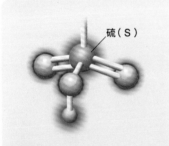

磺酸基

跟硫酸分子形態類似的官能基。具有磺酸基的分子易溶於水且為強酸。（化學式為【－SO_2（OH）】）

代表性的官能基

統整了一般常見的官能基。結構與結構連結的情況通常稱為「～鍵」，原子周圍發出紅光代表對電子吸引力較強，會帶負電。有多個官能基的有機化合物，會因為官能基之間作用跟結構的形態，變化出複雜的特性。

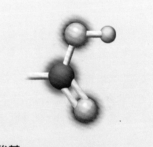

羧基

已知會從醛轉變而成，會產生醋酸等有機化合物的酸。
（化學式為【－COOH】）

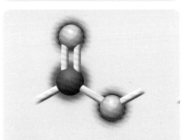

酯鍵

具有酯鍵的小分子大多存在於花或水果的香味分子裡。另外，「聚酯纖維」是由具有酯鍵的分子串連而成的纖維材料。
（化學式為【－COO－】）

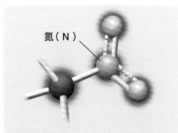

氮（N）

硝基

「TNT炸藥」為炸藥的其中一種，全名為三硝基甲苯，具有多個硝基。像這種有多個硝基的分子通常具有爆炸性。
（化學式為【－NO_2】）

胺基

形成蛋白質的「胺基酸」便是具有胺基跟羧基的分子。氮帶負電，所以會傾向再吸引一個氫離子過來（呈鹼性）。
（化學式為【－NH_2】）

相連的方式不同
就會變成別種物質

有機化合物當中儘管很多都由同種、同數量原子所組成，但連接方式相異的分子組合也很多，我們稱之為「異構物」（isomer）。異構物有許多不同種類，舉例來說有結構異構物（structural isomer）跟立體異構物（stereoisomer）。

分子結構左右對稱的分子稱為「鏡像異構物」（enantiomer）。鏡像異構物乍看之下非常相似，但例如薄荷所含的薄荷醇（menthol）分子，就有著不同的特性。天然的薄荷草只會產生單個鏡像異構物的薄荷醇，稱為「左旋」（levorotation）薄荷醇，其分子帶有薄荷的清爽味道。另一方面，在實驗室製造薄荷醇時，大約有 2 分之 1 的機率會形成另一種形態的分子，這種跟消毒水味道很類似的分子為「右旋」（dextrorotation）薄荷醇。左旋跟右旋的製造方法跟產生化學反應的方式等特性幾乎雷同，但卻是完全不一樣的物質。

愈是元素數量多的複雜分子，就有愈多異構物。異構物是造就有機化合物不計其數的原因之一。

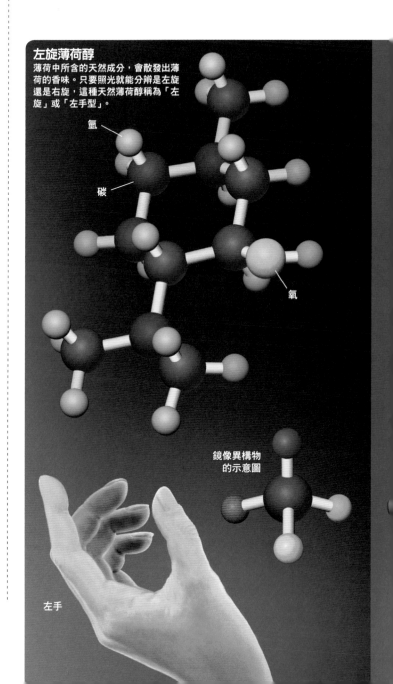

左旋薄荷醇
薄荷中所含的天然成分，會散發出薄荷的香味。只要照光就能分辨是左旋還是右旋，這種天然薄荷醇稱為「左旋」或「左手型」。

氫

碳

氧

鏡像異構物
的示意圖

左手

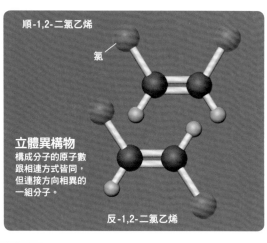

順-1,2-二氯乙烯

氯

立體異構物
構成分子的原子數
跟相連方式皆同,
但連接方向相異的
一組分子。

反-1,2-二氯乙烯

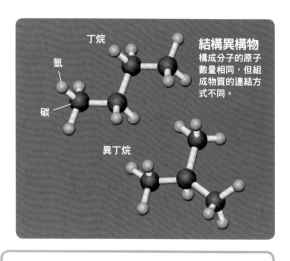

丁烷

氫

碳

結構異構物
構成分子的原子
數量相同,但組
成物質的連結方
式不同。

異丁烷

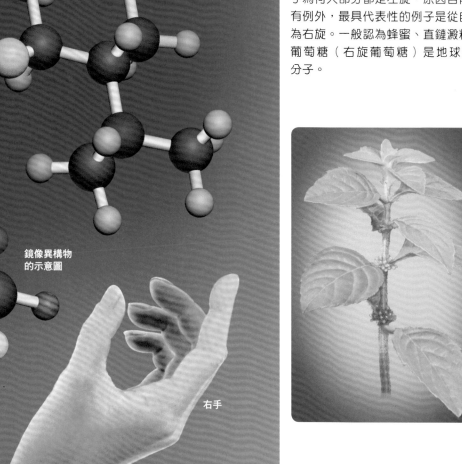

右旋薄荷醇
雖然也是薄荷醇,但未必有薄荷的香
味。右旋薄荷醇為左旋薄荷醇的鏡像
異構物,有消毒水般的味道。只要照
光就能分辨是左旋還是右旋,這種薄
荷醇稱為「右旋」或「右手型」。

鏡像異構物
的示意圖

右手

鏡像異構物

就如同左手跟右手會對稱般,外觀極像但無法重合的
分子組合稱為鏡像異構物。插圖顯示的是左旋薄荷醇
跟右旋薄荷醇。

　不只薄荷醇,在自然界發現的分子幾乎都是左旋,
構成人體DNA的跟胺基酸也都是左旋。創造生命的分
子為何大部分都是左旋,原因目前尚不清楚。不過也
有例外,最具代表性的例子是從自然界發現的糖分子
為右旋。一般認為蜂蜜、直鏈澱粉、纖維素中所含的
葡萄糖(右旋葡萄糖)是地球上含量最多的有機
分子。

日本薄荷
薄荷的一種。只會
產生薄荷醇的鏡像
異構物中的左旋薄
荷醇,江戶時代就
已作為香料植物
栽培。

千變萬化的自然界
有機化合物

比如馬鈴薯、樹幹跟蜂蜜，這些物質乍看之下完全沒有關係，但其實都是用類似的分子所構成。

蜂蜜含有稱為葡萄糖（右旋葡萄糖）的分子。已知葡萄糖存在有二種形態，這二種分子要仔細看才會發現只有 1 個地方的羥基位置不一樣，互為立體異構物的關係。

以生活中的例子來說，形成馬鈴薯澱粉的「直鏈澱粉」（amylose）分子，是蜂蜜所含葡萄糖的一種，由 α-葡萄糖連成一長串的澱粉分子。而樹幹是由稱為「纖維素」（cellulose）的直線分子聚集而成，為蜂蜜所含的另一種葡萄糖，β-葡萄糖串連而成。這種長鏈的纖維素會製造出束狀的纖維（纖維素奈米纖維，cellulose nanofiber），形成強韌的樹幹來支撐整棵樹。

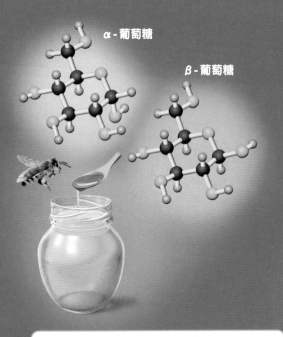

α - 葡萄糖

β - 葡萄糖

蜂蜜（葡萄糖）

蜂蜜含有名為葡萄糖的糖分子。葡萄糖分子會反覆切斷、連結五碳環。在五碳環再度連接時，就會形成 α-葡萄糖或 β-葡萄糖。

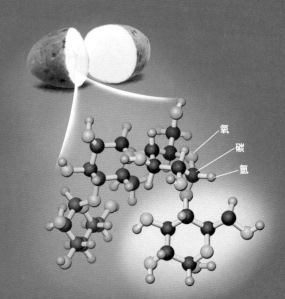

澱粉（直鏈澱粉）

由 α-葡萄糖以「正、正、正、正……」的方式串連，形成扭轉的鏈狀分子，即馬鈴薯中含有的澱粉。

氧
碳
氫

樹幹（纖維素）

由 β-葡萄糖以「正、反、正、反……」的順序方式串連
而成，會形成直鏈狀的分子。相鄰的分子之間有氫（H）
與羥基（－OH）相對，互有強烈的吸引力（氫鍵）。由
於有氫鍵，纖維素分子會形成束狀的纖維素奈米纖維，構
成強韌的樹幹來支撐樹木。

銀杏樹

碳奈米纖維的
排列方向

導管

直鏈澱粉跟纖維素美味嗎？

直鏈澱粉跟纖維素已應用在許多領域。
例如，飲料店常見的珍珠是由樹薯粉加
工而成，由直鏈澱粉形成。而且，由木
質醋酸菌製成的椰果，是富含水分並調
味過的纖維素，食用後也不會消化。

樹木的導管（纖維素）

樹木中的導管[※]負責將水分從樹根輸送到樹枝、樹葉，是由好幾層薄
壁的微細纖維素重疊並排所形成。由纖維素的纖維（纖維素奈米纖
維）形成的管壁可以支撐樹木數十年。

※：像銀杏這類的裸子植物，還有其他具代表性的杉樹及檜木等針葉樹用的是假導
　　管，而栗子樹、櫟樹、櫻花樹、櫸樹等闊葉樹用的是導管及纖維狀假導管。

有機化合物打造我們的生活

我們平常看到的塑膠袋跟寶特瓶,都是由「(高分子)聚合物」形成的。19世紀初時,有機化合物對化學家而言是「生命製造出的物質」。但到了20世紀後,有機化合物已能人工合成了。

例如聚合物是先產生小分子(單體[※],monomer),再將這些數萬至數十萬的小分子互相串連,創造出長鏈狀的分子(聚合物)。早期的聚合物是1931年由美國化學家柯洛塞茲(Wallace Carothers,1896～1937)合成

了世界第一個人造橡膠(聚氯平,polychloroprene),柯洛塞茲又於1935年合成全球第一個合成人造纖維「尼龍」(nylon)。

聚合物跟砂糖、植物等雖然同是有機化合物,但聚合物大部分會一直留存在自然界,不會因長時間而分解。這是因為自然界不存在會分解這些人工物質的生物。

※:「mono」代表「1」,「poly」代表「多數」的意思。也就是說,聚合物是「由多數分子串連而成的物質」。

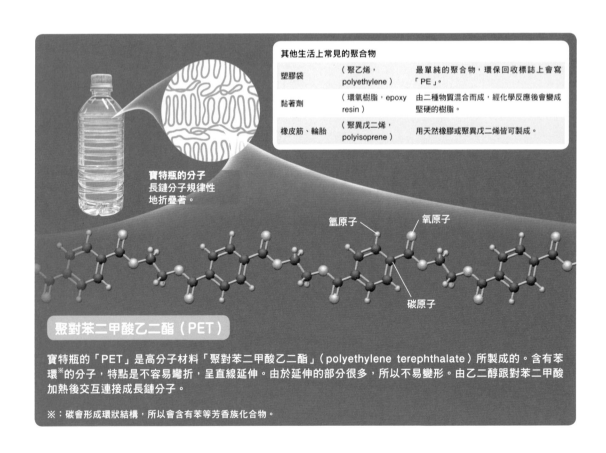

其他生活上常見的聚合物

塑膠袋	(聚乙烯,polyethylene)	最單純的聚合物,環保回收標誌上會寫「PE」。
黏著劑	(環氧樹脂,epoxy resin)	由二種物質混合而成,經化學反應後會變成堅硬的樹脂。
橡皮筋、輪胎	(聚異戊二烯,polyisoprene)	用天然橡膠或聚異戊二烯皆可製成。

寶特瓶的分子
長鏈分子規律性地折疊著。

氫原子 　　氧原子

碳原子

聚對苯二甲酸乙二酯(PET)

寶特瓶的「PET」是高分子材料「聚對苯二甲酸乙二酯」(polyethylene terephthalate)所製成的。含有苯環[※]的分子,特點是不容易彎折,呈直線延伸。由於延伸的部分很多,所以不易變形。由乙二醇跟對苯二甲酸加熱後交互連接成長鏈分子。

※:碳會形成環狀結構,所以會含有苯等芳香族化合物。

生活周遭的各種聚合物

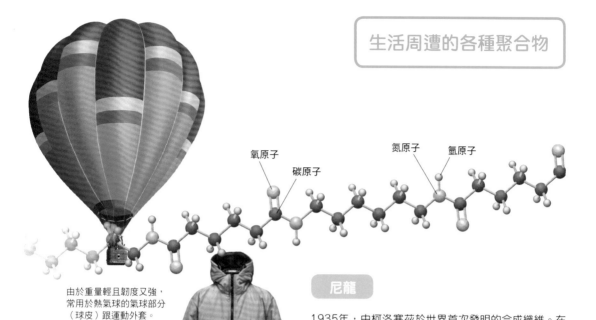

氧原子
碳原子
氮原子
氫原子

由於重量輕且韌度又強，常用於熱氣球的氣球部分（球皮）跟運動外套。

尼龍

1935年，由柯洛塞茲於世界首次發明的合成纖維。在這之前的人造纖維都不夠強韌，無法與天然絹布匹敵，但是尼龍有著不輸絹布的強韌度。1940年打著「由煤炭、空氣、水製成，比蜘蛛絲更細，比鋼鐵更硬的纖維」的口號販售，爆紅一時。是由己二酸跟己二胺加熱後交互排列的長鏈分子。

被拉扯時的橡膠分子
（淡藍色的線）

鬆弛時的橡膠分子

碳原子
氫原子
氯原子

聚氯平的分子結構
有較大的氯原子鎖在分子上，所以是彎彎曲曲的結構。

柯洛塞茲
（1896～1937）
美國化學家。1931年成功發明世界
首次的人造橡膠「聚氯平」。

為什麼石油可以成為眾多物品的原料呢

有機化學從20世紀以來大幅改變了我們的生活。例如，利用石油生產的塑膠、纖維、橡膠、汽油等，已是生活上不可或缺的物質。

石油製造出來的物質，是由碳、氧、氫所組成的有機化合物。照理說應該也能從二氧化碳跟水合成才對，那為什麼還要將石油當成原料呢？

因為石油所含的能量比二氧化碳高很多。石油的能量儲存在碳與碳的鍵結之中，只要燃燒石油，其中碳和碳之間的鍵結就會斷裂，形成別種組合。此時，不需要的（多餘的）巨大能量就會以光和熱的形式釋放出來。

如果想要用二氧化碳跟水製造塑膠的話，就必須要有等同石油放出的能量。也就是說，用原本就具有高能量的石油當原料會比較有效率。

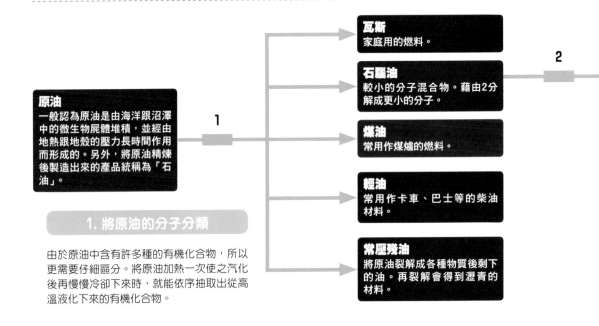

原油
一般認為原油是由海洋跟沼澤中的微生物屍體堆積，並經由地熱跟地殼的壓力長時間作用而形成的。另外，將原油精煉後製造出來的產品統稱為「石油」。

1

瓦斯
家庭用的燃料。

石腦油
較小的分子混合物。藉由2分解成更小的分子。

2

煤油
常用作煤爐的燃料。

輕油
常用作卡車、巴士等的柴油材料。

常壓殘油
將原油裂解成各種物質後剩下的油。再裂解會得到瀝青的材料。

1. 將原油的分子分類

由於原油中含有許多種的有機化合物，所以更需要仔細區分。將原油加熱一次使之汽化後再慢慢冷卻下來時，就能依序抽取出從高溫液化下來的有機化合物。

形成高分子的機制

1.
乙烯的分子

還剩一隻手的分子會打開乙烯的雙鍵（詳見第185頁）並鍵結。

2.

還剩一隻手的分子會打開附近乙烯的雙鍵並鍵結。

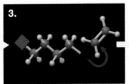

3.

還剩一隻手的新分子會再打開附近乙烯的雙鍵並鍵結。

4.
聚乙烯

當所有還有多餘手的分子們相遇時，反應就會終止。在反應終止前，數萬至數十萬個碳原子會鍵結，形成長鏈狀的分子。

從原油到聚乙烯的過程

2. 將部分石腦油轉為乙烯

高溫加熱石腦油時，小分子會被裂解。之後會慢慢冷卻，細分成各個種類的小分子。

＊被裂解的物質分子，由小至大依序由上而下排列。除了氫以外，其他都是碳與碳的鍵結。

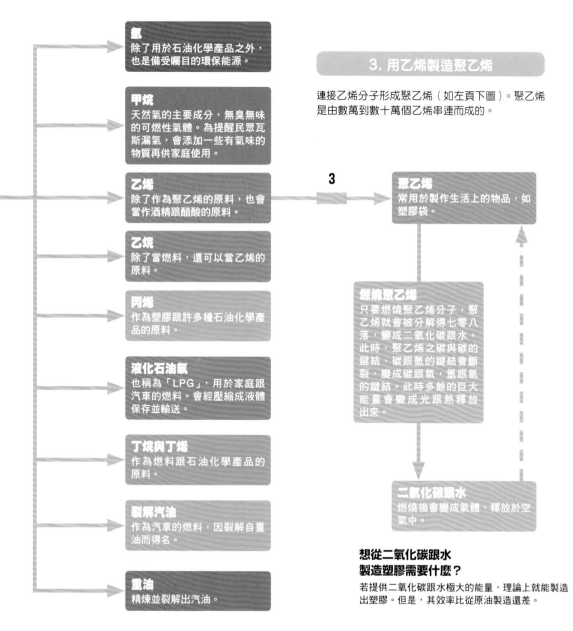

氫
除了用於石油化學產品之外，也是備受矚目的環保能源。

甲烷
天然氣的主要成分，無臭無味的可燃性氣體。為提醒民眾瓦斯漏氣，會添加一些有氣味的物質再供家庭使用。

乙烯
除了作為聚乙烯的原料，也會當作酒精跟醋酸的原料。

乙烷
除了當燃料，還可以當乙烯的原料。

丙烯
作為塑膠跟許多種石油化學產品的原料。

液化石油氣
也稱為「LPG」，用於家庭跟汽車的燃料。會經壓縮成液體保存並輸送。

丁烷與丁烯
作為燃料跟石油化學產品的原料。

裂解汽油
作為汽車的燃料，因裂解自重油而得名。

重油
精煉並裂解出汽油。

3. 用乙烯製造聚乙烯

連接乙烯分子形成聚乙烯（如左頁下圖）。聚乙烯是由數萬到數十萬個乙烯串連而成的。

3

聚乙烯
常用於製作生活上的物品，如塑膠袋。

燃燒聚乙烯
只要燃燒聚乙烯分子，聚乙烯就會被分解得七零八落，變成二氧化碳跟水。此時，聚乙烯之碳與碳的鍵結、碳跟氫的鍵結會斷裂，變成碳跟氧，氫跟氧的鍵結。此時多餘的巨大能量會變成光跟熱釋放出來。

二氧化碳跟水
燃燒後會變成氣體，釋放於空氣中。

想從二氧化碳跟水製造塑膠需要什麼？
若提供二氧化碳跟水極大的能量，理論上就能製造出塑膠。但是，其效率比從原油製造還差。

人工合成分子來開發藥物

人類自3500年以前就已發現藥草,並為了獲得藥物而栽培多種不同的植物。假如可以用人工合成形成藥物的分子,就可以在短時間內提供藥品給更多的人。隨著20世紀以來有機化學的發展,研究多種天然有機化合物的結構,並在實驗室合成。最具代表性的例子就是稱為「阿斯匹靈」[1](Aspirin)的止痛藥,跟熱帶傳染病瘧疾的特效藥「奎寧」(quinine)。治療流感的「克流感」[1](Tamiflu)也是從八角的果實中萃取出分子重組所製成的。

另一方面,近年來利用電腦創造新藥的技術也在逐漸發展中。首先,要基於以往藥品的資料,於電腦上創造出數百萬種有療效的候選新化合物,再從中鎖定較有希望的化合物實際去合成並進行實驗。

有機化學的未來

從拉瓦節於18世紀末提出元素說,19世紀確立了有機化學,到20世紀時已將有機化學應用於許多方面,包括塑膠、藥品、液晶顯示器等。另一方面也產生了塑膠垃圾的問題,以及異構物藥品對人體的傷害等問題。對於當前的垃圾問題,現在正在研發可被微生物分解的生物降解塑膠。此外,藥品方面,也正在研究多種

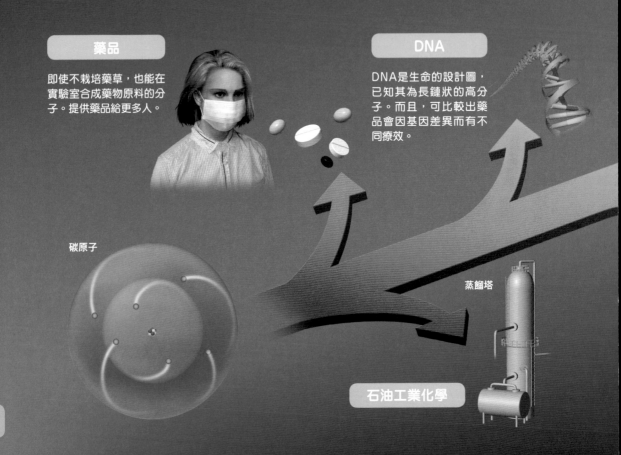

藥品
即使不栽培藥草,也能在實驗室合成藥物原料的分子。提供藥品給更多人。

DNA
DNA是生命的設計圖,已知其為長鏈狀的高分子。而且,可比較出藥品會因基因差異而有不同療效。

碳原子

蒸餾塔

石油工業化學

區分異構物的技術。

　有機化學未來會發展到什麼程度呢？目前可用電腦從分子的結構來預測設計成的分子特性，因應特別目的而設計的分子，已漸漸可實際生產出來。此外，不僅在生產分子方面，現在還開發將製造出來的數個分子組合成「超分子」（supermolecule）的技術，例如只鎖定特定分子的偵測器，或是將微量的藥物包進膠囊抵達患部等，可做多方面應用。

　到目前為止，化學家已發表的化合物約有 2 億2000萬種以上[2]，這個數字現今仍在增加中，其中大多數都是僅由四種元素所組合而成的有機化合物。有機化學的潛力，現仍逐漸朝各領域發展當中。

※1：「阿斯匹靈」為德國拜耳藥品公司的註冊商標，而「克流感」則是瑞士羅氏製藥公司的註冊商標。
※2：採計自註冊於研究機關化學文摘社（Chemical Abstracts Service：CAS）的註冊件數，包括天然存在的物質跟在實驗室創造出來的物質。

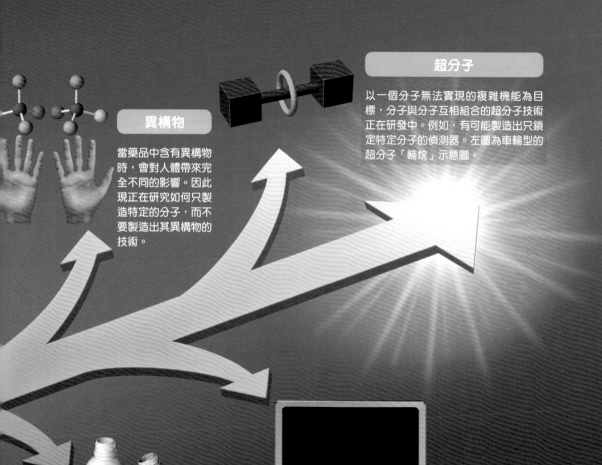

超分子

以一個分子無法實現的複雜機能為目標，分子與分子互相組合的超分子技術正在研發中。例如，有可能製造出只鎖定特定分子的偵測器。左圖為車輪型的超分子「輪烷」示意圖。

異構物

當藥品中含有異構物時，會對人體帶來完全不同的影響。因此現正在研究如何只製造特定的分子，而不要製造出其異構物的技術。

有機 EL

有機EL是由通電後會自行發光的有機化合物所構成。色彩比液晶更鮮艷，顯示器可以做到非常薄。

塑膠該
何去何從

塑　膠為我們帶來便利且多采多姿的生活，但另一方面，它對環境帶來的負擔已逐漸大到不可忽視。

現在，世界上最大的問題是「塑膠微粒」（microplastics），為5毫米以下的微小塑膠垃圾。塑膠垃圾長時間暴露於水跟陽光後會變成粉末，隨著附著其上的化學物質一起流入河川跟海洋中。塑膠微粒已經在魚、鳥、海龜等多種生物體內被發現，其對於生態系及我們健康的影響令人憂心。

約6成的塑膠可當作
熱能循環利用

日本塑膠循環利用協會表示，日本每年製造並消費約1000萬噸的塑膠（2018年）。依用途分類來看，使用最多的是包裝跟容器，約占整體的4成。

日本很積極地推動塑膠循環利用，像寶特瓶回收率就超過9成。塑膠循環利用大致可分成材料循環利用（material recycle）、化學循環利用（chemical recycle）、熱循環利用（thermal recycle）三大類。材料循環利用是將寶特瓶、食品托盤、文具等塑膠再生；化學循環利用是利用化學反應將塑膠轉變成瓦斯跟油再利用。

在已回收的塑膠當中，進行前兩者的其實只有3成出頭。剩下的6成，比如會當成發電廠的燃料，當作熱能燒掉變成熱循環利用，最後的1成會掩埋或焚燒處理掉。

一般認為在日本適用於生物降解塑膠的領域是較難回收的農業、漁業、土木資材等行業。雖然製造費用比化石燃料製造的塑膠貴 4 到 5 倍，但若能掌握生物降解的條件跟速度的話，預期未來會是值得推廣利用的產品。

回歸自然的塑膠開發

要解決塑膠垃圾的問題，有個研究多年的方法就是「生物降解塑膠」。它跟石油製造出來的塑膠不一樣，生物降解塑膠會透過微生物分解成水跟二氧化碳。這種理想到不行的原料，也不是沒有缺點，例如最具代表性的「PLA」（聚乳酸），在高溫高溼的堆肥中會被分解得很徹底，但在水跟土壤中就不易分解。目前正在研發在海水中也容易分解的「PHBH」（聚3-羥基丁酸酯-3-羥基己酸酯）。

※：堆肥是利用微生物的力量，分解家庭產生的垃圾跟落葉的發酵土裝置。

分子式的書寫法及有機化合物的命名法

過 去大家都各自為物質命名，在18世紀以前，二氧化碳叫作「固定空氣」（因為是石灰岩所含的成分被固定住），甲烷叫作「沼氣」（因常出現在沼澤地）。19世紀後開始研究無數個有機化合物時，對於要如何命名這些逐漸增加的有機化合物，就成了大問題。如果沒有統一的命名規則，允許發現者自行命名的話，那收錄分子名字的字典就會變得超級厚，因此，有人發明了依分子形態來命名化合物的方法。現在有機化合物的名字雖多，但據說已有人將分子以動畫的方式呈現並編成歌曲。

另一方面，19世紀發明了分子式的書寫方式，化學家試著書寫好幾種分子式的寫法，同時也探索著有機化合物的結構。因此，必須要有一套方便書寫，又容易明白分子形態的記錄方法。

分子式的書寫方式

有機化學經常會將分子畫成立體圖。這種表示方法雖然容易理解其具體模樣，但相反地，若是結構太複雜的分子，反而很難理解其分子形態，而且要自己畫出立體圖也很困難。所以，在此要來介紹一種容易明白分子結構，而且又容易寫的「分子速記法」。

丙烷

 → H–C–C–C–H （以字母結構，上下為H） → CH₃CH₂CH₃ →

碳為黑色球，氫為藍色球的立體示意圖。

以字母將原子寫下，以平面表示其結構。

除了碳以外，將跟各個碳鍵結的原子數量集中記錄（表示方式更簡潔）。

碳與碳的鍵結以線條表示，除此之外的皆省略（粗略的分子表示方式）。

苯

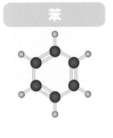 → （苯的結構式 H–C=C 等） → 含有環的分子通常不會這樣畫，而會畫成 → 或

※：左圖是只留下代表碳與碳鍵結的線，其他皆省略的畫法。右圖是1.5鍵鍵結的表示方法（發現苯的當時是以雙鍵跟單鍵表示，但現在認為苯是以「1.5鍵」來鍵結的）。

碳氫化合物的命名法

只由碳跟氫形成的有機化合物稱為「碳氫化合物」。沒有支鏈的碳氫化合物，碳鏈（串連的碳）會由其具有的碳數跟碳與碳之間的鍵結種類來命名。在碳氫化合物有支鏈時，會以最長的碳鏈（主鏈）的名字為主，支鏈的部分（側鏈）再另外補足。只不過，像醋酸跟甲烷這些在命名法決定前就已知的物質，還是習慣用舊名（藍字）稱呼它們。

【命名範例】

$$CH_3CH_2CH_2CH_2CH_3$$

戊烷

5 個碳沒有支鏈，且只有單鍵鍵結的碳氫化合物（烷類）。由代表 5 的「penta」再加上代表烷類的尾語「～ane」就形成了「pentane」。

$$CH_3CH = CHCH_2CH_3$$

2- 戊烯

相連的 5 個碳沒有支鏈，具有一個雙鍵（烯類）。「penta」再加上代表烯類的尾語「～ene」就形成了「pentene」。接著，為了表示雙鍵位在從頭數來第 2 個位置，所以會在名字開頭加上「2-」，變成「2- 戊烯」。

碳數的表示方式（開頭語）[1]	碳氫化合物的種類	烷烴 僅由單鍵形成的碳氫化合物，尾語為「～ane」	烯烴 有 1 個雙鍵的碳氫化合物，尾語為「～ene」	炔烴 有 1 個三鍵的碳氫化合物，尾語為「～yne」	烷基 從烷烴拿走 1 個氫的烴基，尾語為「～yl」
1	（mono）	甲烷（methane）	—	—	甲基（methyl group）
2	（di）	乙烷（ethane）	乙烯（ethene）	乙炔（ethyne）	乙基（ethyl group）
3	（tri）	丙烷（propane）	丙烯（propene）	丙炔（propyne）	丙基（propyl group）
4	（tetra）	丁烷（butane）	丁烯（butene）	丁炔（butyne）	丁基（butyl group）
5	（penta）	戊烷（pentane）	戊烯（pentene）	戊炔（pentyne）	戊基（pentyl group）
6	（hexa）	己烷（hexane）	己烯（hexene）	己炔（hexyne）	己基（hexyl group）
7	（hepta）	庚烷（heptane）	庚烯（heptene）	庚炔（heptyne）	庚基（heptyl group）
8	（octa）	辛烷（octane）	辛烯（octene）	辛炔（octyne）	辛基（octyl group）
9	（nona）	壬烷（nonane）	壬烯（nonene）	壬炔（nonyne）	壬基（nonyl group）
10	（deca）	癸烷（decane）	癸烯（decene）	癸炔（decyne）	癸基（decyl group）
更多	（poly）	—	—	—	—

具有官能基的情況

官能基[2]	命名法（有碳氫化合物時[3]）	範例
羥基	尾語為「al」	ethanol「帶有羥基的乙烷」
醚鍵	烴基 +「ether」	dimethyl ether（二甲醚）「帶有 2 個甲基的醚」
羰基　醛基	尾語為「al」	methanal（formaldehyde）（甲醛）「帶有醛基的甲烷」
酮	尾語為「on」	propanone（acetone）（丙酮）「由 2- 丙醇變成酮的形態」
磺酸基	尾語為「sulfonic acid（磺酸）」	ethanesulfonic acid（乙磺酸）「帶有磺酸基的乙烷」
羧基	尾語為「～酸」	ethanoic acid（醋酸）（acetic acid）「帶有羧基的乙烷」
酯鍵	尾語為「～酯」	ethyl acetate（乙酸乙酯）「醋酸跟乙醇酯化的產物」
硝基	nitro（硝基）	trinitrotoluene（三硝基甲苯）「具有 3 個硝基的甲苯」
胺基	烴基 +「amine（胺）」	ethylamine（乙胺）「帶有胺基的乙烷」

「DHA」的全稱

魚類含有高量的DHA「Docosahexaenoic acid」（二十二碳六烯酸）。「Docosa」是「22」，「hexa」是「6」，「en」是「雙鍵」，「酸」是「carboxylic acid（羧酸）」，所以它的名稱代表「由22個碳串連，在 6 個地方有雙鍵，一端為羧酸」之意。

※1：在單字中出現這些數量的範例，如「monorail」（只有 1 條軌道的交通工具）、「dialogue」（2 人的對話）、「triangle」（三角形）、「tetrapod」（4 個角的消波塊）、「pentagon」（五邊形）、「octave」（八度音）、「decathlon」（十項全能）、「polygon」（多邊形）等。
※2：統整了一般常見的官能基。結構與結構相連的情況通常稱為「～基」。
※3：分子結構很複雜時，有時候會用不同的方式命名。這裡顯示的是最簡單的表式方法。

🔍 基本用語解說

pH
代表氫離子濃度為「10的負幾次方」。pH相差 1 時，代表氫離子濃度相差10倍。

中子
跟質子一起構成原子核。原子核內所含的質子數決定原子的種類，但中子數沒有固定。

中和
酸跟鹼反應產生「鹽類」的反應。只要發生中和反應，酸跟鹼的特性就會互相抵消。例如胃藥（制酸劑）的功能是透過中和反應來弱化分泌過多的胃酸。

元素
代表原子種類的名稱。過去拉瓦節定義元素是「不可再分解的單純物質」，與亞里斯多德提出的四元素說中的「元素」不同。

分子
複數個原子結合成的物質。例如水分子（H_2O）是由 1 個氧原子（O）跟 2 個氫原子（H）鍵結而成的物質。

分子晶體
例如乾冰跟碘，大量的分子會因分子間力形成晶體。冰跟萘的固體也是分子晶體，前者是水分子靠氫鍵鍵結的氫鍵晶體，後者是萘跟萘之間靠凡得瓦力鍵結的凡得瓦力晶體。

分子間力
透過作用於分子與分子之間的引力，以離子間的相互作用（或稱靜電引力跟庫侖力）、氫鍵、凡得瓦力最為知名。

化學反應
原子跟原子之間透過電子的得失或是共享電子以形成鍵結。燃燒跟中和反應都是化學反應的一種。

化學鍵
原子跟原子之間的鍵結方式，分有共價鍵、金屬鍵、離子鍵（分子間力）。

布忍斯特-洛瑞定義
1923年定義提供氫離子（H^+）的物質為酸，接受氫離子的物質為鹼。因此，便將氨跟胺定義為鹼。

同位素
原子核內所含的質子數雖同，但其中子數卻相異的原子。例如氧有160、170、180等 3 種。

有機化合物
以碳為主體的化合物。碳原子之間具有鎖鏈狀相連的骨架，如丙烷或聚乙烯，也有具有環狀結構的苯。有機化合物以外的化合物稱為「無機化合物」。

官能基
決定有機化合物性質的原子團。

昇華
物質不經過液體的狀態，而直接從固體變成氣體（從氣體變成固體稱為凝華）的現象。

沸點
發生液體變成氣體的現象（沸騰）的溫度。

非晶質
不會形成晶體但呈固體狀的物質。例如玻璃。

原子
構成物質最小的粒子。在希臘文中atom代表「不可再分割的東西」。但現在已知原子是由原子核跟電子所構成的。

原子序
代表原子核所含的質子數。元素週期表是依照原子序（質子數目）所排列。

原子核
位於原子的中央，由帶正電的「質子」與不帶電的「中子」所構成。原子核的周圍分佈分布著帶負電的「電子」，原子整體而言呈電中性。

原子量
原子的重量。1 個原子的重量非常輕，以克為單位來表示其絕對質量在使用上非常不方便。因此，便以碳（^{12}C）的質量數為標準以求出其他原子的相對值（相對質量），來代表原子的重量。原子量沒有單位。分子的情況，會以構成分子的原子的原子量總和來算（分子量）。

原子說
一種認為所有物質是由非常小的粒子所構成的觀念。

原子價
產生化合物時，代表某原子會跟其他幾個原子鍵結的值。也稱為電子的空位或鍵結的「手」。元素週期表的縱列（同族）具有相同的原子價。

氧化
物質失去氫，或與氧鍵結。氧化反應中，物質會失去電子。

液晶
雖然是液狀，但具有類似晶體特性的物質（或是類似的狀態）。

異構物
儘管由相同種類、相同數量的原子所構成，但連結方式相異的化合物。例如，常用於食品的一種名為巴拉金糖®的甜味劑，它是跟砂糖的原子種類跟數量皆同的結構異構物。

莫耳
由於要一個一個數出原子或分子的個數太困難，所以會使用名為莫耳（mol）的單位。6×10^{23}個原子或分子的集合定義為 1 個單位（1 莫耳）。

晶體
原子或分子具有方向性，重覆規律排列的固體。例如水晶。

最外殼層電子
位於原子最外電子殼層的電子，其數量具有決定元素化學性質的功能。

發光二極體
將無機物的半導體作為發光體使用的發光裝置。有機EL（有機電激發光）是採用由石油合成的有機物當發光體。

絕對溫度
正式名稱為熱力學溫度。單位符號為K（克耳文），以「攝氏溫度＋273.15」來表示。在0K（零下273.15℃）下，原子跟分子的熱運動會幾乎停止。

週期表
元素依照原子序所排列的表。縱列（族）會排列上特性相似的元素。1869年由門得列夫發明，經過150年形成現在的模樣。

極性
不同種類的原子以共價鍵鍵結時，電子會偏向某一方的原子。水分子為具有極性的「極性分子」。氧原子帶負電，氫原子帶正電。

溶解
物質溶於水等液體，並跟液體分子混合均勻的現象。

路易斯定義
1923年，美國物理化學家路易斯認為，酸是「能從對方獲取電子對的物質」，而鹼是「能給予對方電子對的物質」。

過冷
在凝固點以下的物質狀態不改變（不相變），如水不會變成冰，仍保持液體的狀態。相反地，溫度在沸點以上的物質狀態不改變稱為「過熱」。

鉀鹼球管
李比希所發明的玻璃製實驗儀器，於元素分析時使用。另外，鉀鹼球管是美國化學會的標誌。

電子
分佈分布於原子核的周圍，帶負電。一個原子所含的電子數會等於其質子數。

電子殼層
在原子周圍的數個殼層。原子核內決定電子的「席位」數，電子會從殼層內側向外按順序填入電子。

電子雲
代表可能存在有電子的區域。電子看似有無限多個，但卻又像分身術一樣，1個電子會位於無限多個地方。

電池（化學電池）
透過化學反應產生電力的裝置。會釋出電子的氧化反應，及接受電子的還原反應會分別在不同地方進行，再用導線連接獲得電流。

電荷
物質所帶的電量。

電解質
當物質溶於水等液體時，會解離成離子的物質。相反地，溶於液體也不會解離出離子的物質為「非電解質」。

熔點
發生固體變成液體的現象（熔化）的溫度。

聚合物
由數萬至數十萬個小分子（單體）互相連結而成，為長鏈狀的分子。生活上的例子有用於超市塑膠袋聚乙烯，用於CD-ROM的聚碳酸酯等。

蒸發
獲得能量的液體分子切斷來自周圍液體分子的引力，並從液體表面逸出的現象。

酸
根據阿瑞尼斯的定義，是溶於水時會產生氫離子（H^+）的物質。會使藍色石蕊試紙變成紅色。

價電子
最外殼層電子中，會參與化學反應及原子之間鍵結的電子。價電子（最外殼層電子）數量相等的元素，其化學性質也相似。

質子
與中子一同構成原子核。原子的種類（元素）由質子的數量（原子序）決定。

質量數
是質子與中子的總數，代表原子概略的重量。沒有單位。

凝固點
會發生液體變成固體的現象（凝固）的溫度，也稱為冰點。

凝結
液體分子從液體表面飛向空氣中，是蒸發的逆反應。

燃燒
物質跟氧急速反應（氧化反應），同時釋放出熱跟光的現象。

還原
被氧化的物質失去氧，並與氫結合。還原反應中，物質會接受電子。

擴散
物質的濃度會從較高的地方往較低的地方自然地大範圍移動，達到濃度均等的現象。

離子
原子會透過失去電子或接受電子變成帶正電或帶負電的粒子。

攝氏溫度
單位符號為℃。在1大氣壓下，定義水的凝固點為0℃，沸點為100℃。

鹼基
帶有苦味，會與酸反應的物質。溶於水的鹼基稱為鹼（中文亦將鹼基通稱為鹼）。根據1887年阿瑞尼斯的定義，鹼基溶於水後會產生氫氧離子（-OH），會讓紅色石蕊試紙變成藍色。

Index

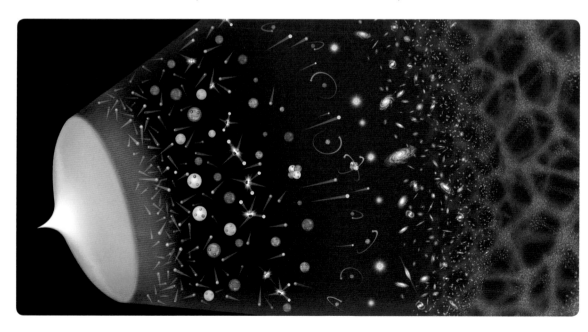

Staff

Editorial Management	木村直之	Design Format	三河真一（株式会社ロッケン）
Editorial Staff	中村真哉，上島俊秀	DTP Operation	阿万 愛
Writer	小野寺佑紀		

Photograph

030	suzu/stock.adobe.com	075	TK6/stock.adobe.com
037	evgris/stock.adobe.com	078-079	masaaki67/stock.adobe.com
038	Gheorghita/stock.adobe.com	089	alice_photo/stock.adobe.com
039	warloka79/stock.adobe.com	091	kai/stock.adobe.com
	poko42/stock.adobe.com	097	Irina/stock.adobe.com
043	yoshiji/stock.adobe.com		kaikaiboy/stock.adobe.com
	kai/stock.adobe.com	100-101	ジョニー /stock.adobe.com
045	Couperfield/stock.adobe.com	103	akoji/stock.adobe.com
050	bonnontawat/stock.adobe.com	104	Jo Panuwat D/stock.adobe.com
054-055	Polkadot/stock.adobe.com	104-105	ChiccoDodiFC/stock.adobe.com
057	ulga/stock.adobe.com	112	Gill/stock.adobe.com
058-059	Tomstocker/stock.adobe.com		Newton Press
059	Hanasaki/stock.adobe.com	130	GVS/stock.adobe.com
	nikkytok/stock.adobe.com	133	torwaiphoto/stock.adobe.com
062	BBuilder/stock.adobe.com	134	KnoB/stock.adobe.com
	Ekaterina/stock.adobe.com	160-161	Tsuboya/stock.adobe.com
063	kei u/stock.adobe.com	161	tonaquatic/stock.adobe.com
064-065	jorisfavraud/stock.adobe.com	169	shima-risu/stock.adobe.com
066	yurisyan/stock.adobe.com	175	栄和矢澤 /stock.adobe.com
068-069	SAKURA/stock.adobe.com	191	accraelvas/stock.adobe.com
072	vladsv/stock.adobe.com	198	kaschibo/stock.adobe.com
073	monticelIllo/stock.adobe.com	198-199	Susanne Fritzsche/stock.adobe.com
	Nishihama/stock.adobe.com		
	thanasak/stock.adobe.com		

Illustration

Cover Design	三河真一（株式会社ロッケン）	126〜135	Newton Press
006	Newton Press, 小﨑哲太郎	136-137	月本佳代美
007	Newton Press	138〜141	Newton Press
008-009	高橋悦子	142-143	Newton Press, Johnson, G.T. and Autin,
010〜013	Newton Press		L., Goodsell, D.S., Sanner, M.F., Olson,
014	Newton Press, 山本匠		A.J. (2011). ePMV Embeds Molecular
015	Newton Press		Modeling into Professional Animation
016	Newton Press, 小﨑哲太郎		Software Environments. Structure
017	Newton Press		19,293-303
018-019	高橋悦子	144〜147	Newton Press
020〜037	Newton Press	149	Newton Press・吉原成行，（硫酸イオンの
038-039	富﨑NORI		3Dモデル）日本蛋白質構造データバンク
040〜065	Newton Press		（PDBj）
066-067	木下真一郎	150-151	Newton Press
068〜081	Newton Press	152-153	Newton Press・吉原成行，（硫酸イオンの
082-083	浅野 仁		3Dモデル）日本蛋白質構造データバンク
084〜102	Newton Press		（PDBj）
106-107	Newton Press,（リン酸水素イオンの3Dモ	154〜157	Newton Press
	デル）日本蛋白質構造データバンク（PDBj）	158-159	吉原成行
108-109	木下真一郎・Newton Press,（酢酸の3Dモ	162	矢田 明
	デル）日本蛋白質構造データバンク（PDBj）	163	小谷晃司
110-111	Newton Press・黒瀧仁久	164-165	藤丸恵美子
113〜115	Newton Press	166-167	Newton Press, 矢田 明
116-117	Newton Press,（アンモニア，アンモニウ	168-169	門馬朝久
	ムイオンの3Dモデル）日本蛋白質構造デー	170〜173	Newton Press, 吉原成行
	タバンク（PDBj）	175〜181	Newton Press
118〜121	Newton Press	182	小﨑哲太郎
122-123	Newton Press,（リン酸水素イオンの3Dモ	182-183	小林 稔
	デル）日本蛋白質構造データバンク（PDBj）	184〜200	Newton Press
124-125	Newton Press, 富﨑NORI		

Galileo科學大圖鑑系列 03
VISUAL BOOK OF THE CHEMISTRY
化學大圖鑑

作者／日本Newton Press
編輯顧問／吳家恆
特約主編／王原賢
翻譯／林筑茵
編輯／林庭安
商標設計／吉松薛爾
發行人／周元白
出版者／人人出版股份有限公司
地址／231028新北市新店區寶橋路235巷6弄6號7樓
電話／(02)2918-3366(代表號)
傳真／(02)2914-0000
網址／www.jjp.com.tw
郵政劃撥帳號／16402311人人出版股份有限公司
製版印刷／長城製版印刷股份有限公司
電話／(02)2918-3366(代表號)
經銷商／聯合發行股份有限公司
電話／(02)2917-8022
第一版第一刷／2021年08月
第一版第二刷／2021年12月
定價／新台幣630元
港幣210元

國家圖書館出版品預行編目資料

化學大圖鑑／日本 Newton Press 作；
林筑茵翻譯 . -- 第一版 . --
新北市：人人出版股份有限公司, 2021.08
面；　公分 . -- (Galileo 科學大圖鑑系列)
(伽利略科學大圖鑑；3)
ISBN 978-986-461-252-9(平裝)
　1.化學

340　　　　　　　　　　　　110010565

NEWTON DAIZUKAN SERIES KAGAKU DAIZUKAN
©2020 by Newton Press Inc.
Chinese translation rights in complex characters arranged
with Newton Press through Japan UNI Agency, Inc., Tokyo
www.newtonpress.co.jp